持续的幸福

[美] 马丁·E. P. 塞利格曼
Martin E. P. Seligman

颜雅琴 译

Flourish

A Visionary New Understanding
of Happiness and Well-Being

北京联合出版公司
Beijing United Publishing Co.,Ltd.

图书在版编目（CIP）数据

　　持续的幸福 /（美）马丁·E.P.塞利格曼著；颜雅
琴译. — 北京：北京联合出版公司，2022.8（2025.11 重印）
　　ISBN 978-7-5596-6001-5

　　Ⅰ . ①持… Ⅱ . ①马… ②颜… Ⅲ . ①幸福—应用心
理学—通俗读物 Ⅳ . ① B82-49

　　中国版本图书馆CIP数据核字（2022）第044351号

北京市版权局著作权合同登记　图字：01-2022-1254

持续的幸福

作　　者：［美］马丁·E.P. 塞利格曼
译　　者：颜雅琴
出 品 人：赵红仕
责任编辑：徐　樟

北京联合出版公司出版
（北京市西城区德外大街 83 号楼 9 层　　100088）
三河市中晟雅豪印务有限公司印刷　新华书店经销
字数 240 千字　　700 毫米 ×980 毫米　1/16　16.25 印张
2022 年 8 月第 1 版　　2025 年 11 月第 6 次印刷
ISBN 978-7-5596-6001-5
定价：55.00 元

谨将此书献给我的女儿

卡莉·迪伦·塞利格曼

珍妮·埃玛·塞利格曼

以父亲的诚挚爱意

前言

▽
▽

本书能帮你拥有丰盛人生。

好吧，我终于说出来了。

整个职业生涯中，我一直避免夸口承诺。我是一个研究型的科学工作者，素来谨慎保守，写作内容都立足于严谨的科学基础，比如统计测量、有效的问卷调查、深入的调研，以及有代表性的大样本研究等。与许多流行的心理学书籍和心灵鸡汤相比，我的作品科学性更强，可信度也更高。

上一本书（《真实的幸福》，2002 年）面世以来，我对心理学目标的思考有所改变，更妙的是，心理学本身也在不断发展。我一生中的大部分时间都在为实现心理学的崇高目标而努力——希望能为人们减轻痛苦，解决生活困境。说实话，这很不容易。为抑郁症、酒精成瘾、精神分裂症、创伤和各种心理层面的痛苦而奔忙，会把痛苦的感受带到心里，成为一种精神负担。虽然我们一直致力于增强来访者的福祉，但通常而言，心理学对从业人员的福祉并没有多大作用，甚至有可能让从业者变得更抑郁。

我所投身的积极心理学，是心理学发展史上一场结构性的巨变，是一场兼具科学性和专业性的运动。1998 年，作为美国心理协会（American Psychological Association, APA）主席，我呼吁心理学应当在原有的崇高目标之外，补充新的目标：探索生命的意义，建立促进人生美好的有利条件。理解幸福，建立生活有利条件，这一目标并不等同于理解苦难、消除生活不利因素。目前，在世界的各个角落，数千人在这一领域工作，不断努力实现这些目标。这本书讲述了他们的故事，至少是讲述了这些故事公开的那一面。

不过，私人的一面也需要展现出来。比如说，积极心理学能让人更幸福。传授、研究积极心理学，作为教练或治疗师在实践中使用积极心理学，在教室里给高一年级学生做积极心理学练习，用积极心理学教育小朋友，教部队教官促进士兵的创伤后成长，与其他积极心理学家会面……哪怕只是阅读积极心理学知识，都会让人很幸福。据我所知，积极心理学工作者是幸福感最强的人。

积极心理学的内容本身——幸福、心流、意义、爱、感恩、成就、成长、良好的人际关系——构成了丰盛人生。知道自己可以拥有更多积极的内容，能改变你的人生。瞥见丰盛蓬勃的未来景象，足以改变你的人生。

因此，这本书可以为读者诸君增加福祉，让你们获得丰盛人生。

目 录
Contents

01
新积极心理学

02

获得福祉的方法

01

新积极心理学

什么是福祉？

第一章

关于积极心理学的真正源起，我从前一直守口如瓶。事情还得回溯到 1997 年，我成为美国心理协会主席候选人，此后，电子邮件的数量翻了 3 倍。我很少接电话，也不再寄蜗牛一样慢的信件，但由于网络桥牌游戏 24 小时开放，我时常泡在网上，回电子邮件倒是很勤快。我只在自己当明手 [1]、搭档玩牌的时候回邮件，所以字数非常有限。（我的邮箱地址是 seligman@psych.upenn.edu，如果您不介意收到的答复很短，可以随时给我发电子邮件。）

1997 年年底的一封邮件让我感到很疑惑，于是我把它放进了我的"嗯？"文件夹。邮件内容很简洁，只写着"你能来纽约见我吗？"，而且落款只有姓名的首字母缩写。几周后，我和朱迪·罗丹（Judy Rodin）一起去参加一个鸡尾酒会，当时她是宾夕法尼亚大学的校长，而我在那里教了 40 年书。现在，朱迪是洛克菲勒基金会的主席。我在宾夕法尼亚大学读研究生一年级的时候，朱迪即将毕业，我们曾在心理学教授理查德·所罗门（Richard Solomon）的动物实验室共事过。我们很快成了朋友，然后我就又羡又妒地看着年轻有为的她发展得极好，当过东部心理协会主席，还做过耶鲁大学心理学系主任、院长、教务长，直到成为宾大校长。在这期间，我们还合作进行了一项研究，调查老年人的乐观与免疫力的相关性，当时朱迪正在负责麦克阿瑟基金会的

1　桥牌的明手方要将自己的牌摊在桌上给其他人看，明手必须听从搭档的指挥出牌。——译者注

一个心理神经免疫学大型项目——探索心理事件影响神经事件进而影响免疫事件的途径。

"你知道哪个名字缩写是'PT'的人可能会给我发电子邮件,邀请我去纽约吗?"我问朱迪。她交际广泛,知道所有的大人物。

"去见他!"她倒吸一口气。

所以两周后,我来到曼哈顿下城一座肮脏的小办公楼,站在了8楼一扇没有标记的门前。我被领进一间没有装饰也没有窗户的房间,里面坐着两个头发花白、穿着灰衣服的男人,放着一部免提电话。

"我们是一个匿名基金会的律师,"其中一位自称PT的男子解释道,"我们在寻找成功者,而你正是一位成功者。我们想知道你的研究计划,以及想要的资助状况。我们不会事无巨细地监督你。不过,丑话说在前面,如果你对外泄露我们的身份,我们提供的所有资助都将终止。"

我向律师和电话那头的人简要介绍了我的研究计划——族裔政治冲突(毫无疑问,这个主题跟积极心理学没有半点关系)。我说,我想召集40位研究种族灭绝的重要学者,通过比较20世纪的十几起种族灭绝和50多起极为危险但幸免于种族灭绝的事件,分析出种族灭绝在什么情况下会发生,在什么情况下不会。然后我会编写一本关于如何在21世纪避免种族灭绝的书。

"谢谢你告诉我们这些,"5分钟后,他们说,"你回办公室之后,能给我们发一份单页纸的报告吗?别忘了写上研究预算。"

两周后,一张超过12万美元的支票出现在我桌上。这可真是一大惊喜,因为据我所知,几乎所有的科研经费都来之不易,要通过冗长的拨款申请、恼人的同行评议、无处不在的官僚主义、不合理的拖延、令人痛苦的修改,最后还可能被拒绝,或者遭到大幅削减。

因为其象征意义,我选择了北爱尔兰的德里[1]作为会址,召开为期一周

1　德里有过长期种族、宗教、民族冲突问题。——译者注

的会议。40 位在族裔政治暴力领域很有建树的学者出席了会议，其中大部分都是社会科学圈的熟人，除了两位——其一是我的岳父丹尼斯·麦卡锡（Dennis McCarthy），一位退休的英国实业家；另一位是匿名基金会的财务主管，他退休前是康奈尔大学工程学教授。后来，丹尼斯对我说，从来没有人对他这么好过。2002 年，丹尼尔·奇罗（Daniel Chirot）和我合编出版了一本书——《族裔政治冲突》（*Ethnopolitical Warfare*）。这本书值得一读，不过与本故事没什么关系。

大约半年后，这位财务主管给我打电话时，我几乎已经忘记了这个慷慨的基金会，也根本不知道它的名字。

"马丁，德里的会议非常棒。我在那遇到了两位杰出的专家，医学人类学家梅尔·康纳（Mel Konner）和那位叫麦卡锡的伙计。顺便问一下，麦卡锡是做什么的？另外，你接下来的打算是什么？"

"接下来？"我开始结巴，因为我完全没想到还有可能拿到更多资金。"嗯，我在思考一样我称为'积极心理学'的东西。"我解释了大约 1 分钟。

"你能来纽约见我们吗？"他说。

见面那天早上，我妻子曼迪把最好的白衬衫拿了出来。"我觉得应该选那件衣领磨旧了的。"我想到曼哈顿下城那间简陋的办公室，这样说道。然而，这次的地点位于曼哈顿最时髦的办公楼之一，宽敞的会议室位于顶楼，有窗户——等着我的仍然是那两位律师和免提电话，门上仍然没有任何标志。

"积极心理学是什么？"他们问。我解释了 10 分钟左右，他们送我出来，说："回到办公室后，你能给我们发一份三页纸的报告吗？别忘了列上预算。"

一个月后，一张 150 万美元的支票出现了。

这个故事的结局和开头一样古怪。有了这笔资金，积极心理学开始蓬勃发展。这个匿名的基金会一定注意到了这种变化，因为 2 年后，我又收到了一封简短的电子邮件，落款仍然是 PT。

"从曼德拉[1]到米洛舍维奇[2]是一个连续体吗？"邮件里只有一句话。

"嗯……什么意思？"我很好奇。不过，这次我知道自己面对的并不是一个莫名其妙的怪人，于是我尽可能地做出了猜测，并给 PT 发去了一份冗长的学术性的回复，罗列了各类天性和教养知识——从圣人到怪物。

"你能来纽约见我们吗？"他回复道。

这一次，我穿上了最好的白衬衫。办公室门上挂着一张牌子，上面写着"大西洋慈善基金会"（Atlantic Philanthropies）。终于弄明白了。这个基金会的创立者是一位慷慨的先生，他叫查尔斯·菲尼（Charles Feeney），开免税店发了财，将自己的财产（50 亿美元）全都捐献给了慈善事业。美国法律规定，个人成立的基金会也必须取一个公众化的名字，所以就取了"大西洋慈善基金会"这样一个名字。

他们说："希望你能召集顶尖的科学家和学者，从遗传学、政治学和社会学的角度探讨善与恶，回答这个有关曼德拉—米洛舍维奇的问题。我们打算给你 2000 万美元。"

这可是一大笔钱，当然比我的工资水平高多了，所以我就接下来了。任务当然很难。接下来的六个月，我和两位律师、学者们举行了会议，起草并修改了研究计划，准备六个月之后的下一周就交给董事会盖章。计划中包含了一些非常精密的科学方法。

"很尴尬，马丁，"PT 在电话里说，"董事会拒绝了我们——这是我们第一次被拒绝。他们不喜欢遗传学的部分，觉得政治性太强了。"在 1 年之内，这两位优秀的慈善事业运营者都辞职了。他们就像是《百万英镑》（The Millionaire）中的角色。《百万英镑》是 20 世纪 50 年代的一部电影，当时十几岁的我对它印象深刻，因为剧中有个角色给陌生人送了百万钞票。

---

1 南非前总统纳尔逊·罗利赫拉赫拉·曼德拉（Nelson Rolihlahla Mandela），在这里代指圣人。
2 南斯拉夫前总统米洛舍维奇（Slobodan Milosevic），在这里代指恶人。

在接下来的 3 年里，大西洋慈善基金会为非洲、研究老龄化问题的项目、爱尔兰和很多学校提供了资金，我关注了这些出色的工作，决定给新任首席执行官打电话。他接了电话，我几乎能感觉到他在为自己打气，不得不面对又一次的恳求。

我说："我打电话过来，只是想说声谢谢，请代为转达我对菲尼先生最深切的谢意。请转告他：'您来得正是时候，对不落俗套的、极具价值的心理学理念做出了正确的投资。在我们刚起步的时候，您帮助过我们，现在我们不需要进一步的资助了，因为积极心理学已经可以自给自足了。但如果没有大西洋慈善基金会，我们就无法发展到今天。'"

"我以前从未接到过这种电话。"首席执行官回答，声音里充满疑惑。

新理论的诞生

我与匿名基金会的相遇，是过去 10 年来积极心理学的高光时刻之一，本书要讲述的是这个故事的后续部分。为了解释什么是积极心理学，我首先对积极和丰盛的意义进行了彻底的反思。然而，最重要的是，我必须告诉你，我对幸福的新定义。

泰利斯认为一切都是水元素。

亚里士多德认为人类的一切行为都是为了获得幸福。

尼采认为人类的一切行为都是为了获得权力。

弗洛伊德认为人类的一切行为都是为了避免焦虑。

这些伟人都犯了一元论的错误，他们都将人类的动机归结为单一的一种。一元论从最少的变量中获得最多的好处，因此非常符合"简约律"。简约律是一个哲学格言，是指最简单的答案就是正确的答案。但简约律也有下限：如果变量太少，无法解释所讨论现象的丰富细微差别时，那就完全不适用。以上四种著名理论中，一元论是致命的问题。

在这些一元论中，我最初的观点最接近亚里士多德——我们所做的一切都是为了让自己幸福，但我其实很厌恶"幸福（happiness）"这个词，因为它被过度使用，几乎失去了意义。"幸福"不能用作科学术语，也不能当实际的目标；既不能用来指导教育、治疗或公共政策，也无法用来当作个人的生活目标。积极心理学的第一步是把"幸福"这个一元论概念分解成若干可供研究的术语。这绝非简单的文字游戏，理解幸福需要一套理论，也就是本章要介绍的内容。

2005 年，应用积极心理学首届硕士班开学了，我在入门课上讨论之前的理论，塞尼亚·梅敏（Senia Maymin）说："你在 2002 年提出来的理论肯定是错的，马丁。"梅敏 32 岁，是哈佛大学数学专业的优等毕业生，精通俄语和日语，管理着自己的对冲基金。她是积极心理学的典范。她的笑容甚至能使亨茨曼大楼（Huntsman Hall）巨洞般的教室里充满温暖——这可是被沃顿商学院的学生们称为"死星"的大楼。这个硕士班的学生真的很特别，总共 35 名来自世界各地的成功人士，每个月飞一次费城，享受为期 3 天的盛宴，分享积极心理学的前沿知识，以及如何将其应用于自己的职业。

"2002 年问世的《真实的幸福》一书中的理论本该讨论人类的选择，但它有一个巨大的漏洞：它忽略了成功和掌控。人们努力奋斗，可能只是为了胜利本身。"塞尼亚说。

就在这一刻，我开始重新思考幸福。

10 年前，我写《真实的幸福》时，想将其命名为《积极心理学》，但出版商认为书名带上"幸福"两字更好卖。和编辑的意见不统一时，我能赢得许多小冲突，但并未成功改掉书名。我发现自己因"幸福"一词而感到有些负担。（我也不喜欢"真实"这个词，在自我过度膨胀的世界里，"自我"一词被过度使用了，而"真实"好像是"自我"的近亲。）书名和"幸福"的主要问题在于它低估了我们的选择，此外，在现代人看来，听到"幸福"二字就意味着愉快的心情、快乐、喜悦和微笑。同样令人恼火的是，每当积极心理学上新闻时，这个书名总是要求我带着可怕的笑脸，这也是一大负担。

从历史上看，"幸福"与享乐并不紧密相关。托马斯·杰斐逊在《独立宣言》中宣称，人们有权追求"幸福"，这里的"幸福"与享乐、愉悦相差甚远，后者也与我对积极心理学的期许相差甚远。

初始理论：真实的幸福

我的初衷是，积极心理学应该研究人类的终极追求，也就是为了选择本身做出的选择。最近，在明尼阿波利斯机场候机时，我选择做了一次背部按摩，因为它让我感觉舒服。我选择背部按摩是因为它本身，而不是因为它给我的人生赋予了更多意义，或任何其他原因。我们常常选择让自己感觉良好的东西，但有必要意识到，我们的选择往往不是为了感觉良好。昨晚，我选择听我 6 岁孩子的钢琴独奏会，不是因为它让我感觉很好，而是因为这是我作为父亲的责任，也是我人生意义的一部分。

在《真实的幸福》中，我将幸福分为三个不同的元素——积极情绪、投入和意义，这三个元素都比幸福更容易明确定义和测量标准。第一个元素是积极情绪，也就是我们所感受到的愉悦、狂喜、入迷、温暖、舒适等。在这方面成功的人生，我称为"愉悦的人生"（pleasant life）。

第二个元素是投入，它与心流（flow）相关，指完全沉浸在一项吸引人的活动中，感觉自己融入其中，时间停止，自我意识消失。我把以此为目标的人生称为"投入的人生"（engaged life）。投入与积极情绪截然不同，甚至可能是相反的。因为如果你问那些处在心流状态的人，他们在想什么，在感受什么，他们通常会说，"什么都没有"。在心流中，我们会和物体融合在一起。我相信，由于心流需要集中全部注意力，需要动用所有认知和情感资源，所以导致我们无法思考和感受。

体验心流没有捷径。反之，你需要部署最强的力量和才能，才能进入心流状态。感受积极情绪则有很多捷径，比如购物或看电视。这也是投入和积极情绪的另一个区别。因此，要体验心流，就必须找到你最大的优势，学会频繁地使用它们（可参见 www.authentichappiness.org）。

　　幸福还有第三个元素，那就是意义。我打桥牌时会达到心流，但经过漫长的比赛，当我看见镜子里的自己时，就会担心自己是在虚度人生。对投入和愉悦的追求往往是孤独的，以自我为中心的，而人类不可避免地需要人生的意义和目的。有意义的人生意味着归属并服务于某些比自我更伟大的事物，为此，人类创造了各种积极的组织：宗教、政党、环保运动、童子军和家庭。

　　这就是"真实的幸福"理论：积极心理学关注的是幸福的三个方面——积极情绪、投入和意义。塞尼亚的挑战结束了我这 10 年来对此理论的教学、思考和检验，促使我想进一步发展它。从这年 10 月亨茨曼大楼的那堂课开始，我改变了对积极心理学的看法。对于积极心理学的要素是什么，积极心理学的目标应该是什么，我的想法也有所改变。见下图。

真实的幸福与福祉的比较

真实的幸福理论	福祉理论
主题：幸福	主题：福祉
量度：生活满意度	量度：积极情绪、投入、意义、成就、积极关系
目标：提高生活满意度	目标：提升积极情绪、投入、意义、成就、积极关系，从而促使人生丰盛蓬勃

从真实的幸福到福祉理论

　　我曾经认为，积极心理学的主题是幸福，衡量幸福的黄金标准是生活满意度，积极心理学的目标就是提高生活满意度。我现在认为，积极心理学的主题是福祉（Well-Being），衡量福祉的黄金标准是人生丰盛蓬勃，积极心理学的目标是促进人生丰盛蓬勃。我将这一理论称为福祉理论，与"真实的幸福"理论大不相同。下面是我的解释。

"真实的幸福"理论有三个不足之处。首先，流行的"幸福"的主要内涵与愉快的心境密不可分。积极情绪是"幸福"的底层含义。有人中肯地批评道，"真实的幸福"理论武断地、先发制人地重新定义了幸福，把投入和意义拖进来补充积极情绪。投入和意义都和我们的感受无关，虽然我们可能渴望投入和意义，但它们不是，也永远不可能是"幸福"含义的一部分。

"真实的幸福"理论的第二个不足之处是，对幸福的测量太过偏重于生活满意度。"真实的幸福"理论中的幸福将生活满意度作为黄金标准，具体测量方法是一个被广泛研究过的自我报告量表，用1（非常糟糕）到10（非常理想）的分数来衡量人对生活的满意度。积极心理学的目标也就成了提高人们的生活满意度。然而，事实证明，人们对生活的满意程度其实取决于回答问题的那一刻感觉有多好。对很多人来说，报告的生活满意度主要取决于回答问题那一刻的心情（超过70%），以及对未来生活的预判（不到30%）。

因此，积极心理学过去的黄金标准过多地与情绪联系在一起。古人对这种幸福的形式嗤之以鼻，认为它非常庸俗——这可能是正确的。不过，我否认情绪的特殊地位，并不是因为鄙夷，而是为了解放。如果幸福完全取决于情绪，那就是将全世界"低积极情绪"的那一半人推向了不幸福的地狱。尽管这一部分人缺乏快乐，但他们可能比快乐的人有更多的投入和人生意义。内向的人比外向的人更难以兴高采烈，但是如果公共政策（我们将在最后一章详细探究）以最大限度地提升情绪意义上的幸福为基础，外向的人会比内向的人拥有更多的选票。该建马戏团还是图书馆？如果只考虑能产生多少额外的幸福感，那就只能建马戏团了。如果一种理论在关注积极情绪的同时，也在意投入和意义的提升，就更具有道德上的自由性，在制定公共政策方面也更为民主。事实证明，生活满意度并不考虑我们的人生有多大意义，我们对工作和爱人有多投入。生活满意度本质上衡量的只是愉快的情绪，因此，任何一种理论，只要目标比简单的"幸福学"高出一筹，都不应将生活满意度放在中心地位。

"真实的幸福"理论的第三个不足之处是积极情绪、投入和意义并没有穷尽人们的终极追求。"终极追求"是一个操作短语，表示一个理论中的基本要素，人们不是为了其他任何理由而追求它。这就是塞尼亚所提出的质疑，她断言许多人就是为了成就而追求成就。好的理论应该可以更完整地说明决定终极追求的要素。下面，我将介绍一套新的理论，它能够解决以上三个问题。

福祉理论

福祉是一种构建出来的概念，而幸福是一种真实的东西，是一种直接可测量的实体。这种实体可以"操作化"——所谓"操作化"，就是指找到了某个非常具体的度量标准来定义它。例如，气象学中的"风寒效应"由水结冰（及霜害发生）时的温度和风的组合来定义。"真实的幸福"理论试图解释幸福这一真实的事物——用1—10分的生活满意度来定义。情绪最积极、最投入、最有意义的人是最幸福的，他们的生活满意度也最高。福祉理论认为，积极心理学的主题不应该是真实的事物，而应该是构建出来的概念（如福祉），同时，它应该具有一些可测量的元素，其中每个元素都是真实的事物，每个元素都能促进福祉，但都不能单独定义福祉。

在气象学中，"天气"就是这样一个构建出来的概念。天气本身不是一个真实存在的事物，它由几个因素组成，其中每一个都是可操作的，都是真实的事物，对天气有影响，包括温度、湿度、风速、气压等。想象一下，如果我们的主题不是讨论积极心理学，而是有关"自由"的研究，我们应该如何科学地研究自由？自由是一种概念，而不是一个真实的东西，它由若干因素组成：公民的自由感、新闻审查的程度、选举的频率、代表与人口的比例、官员腐败率等。与自由本身的概念不同，这些元素中的每一个都是可测量的，只有通过测量这些元素，我们才能全面了解自由的程度。

在结构上，福祉类似于"天气"和"自由"，没有一个单一的衡量标准能完全定义它（"完全定义"可以用"操作化"这个术语代替），但有几个因素对它有贡献。这些都是幸福的元素，每一个元素都是可以衡量的。相比之下，在"真实的幸福"理论中，生活满意度作为幸福的操作元素，就像用温度和风速定义"风寒效应"一样。重要的是，在"真实的幸福"理论中，积极情绪、投入和意义都是自我报告的思想和感受，而福祉的元素是各不相同的东西。因此，积极心理学的焦点不在于生活满意度这一实体，而是福祉的概念。我们的下一个任务就是列举福祉的元素。

福祉的元素

在"真实的幸福"理论中，幸福由生活满意度来操作或定义，这与亚里士多德的一元论接近到危险的地步。福祉则可以分为几个元素，可以让我们安全地远离一元论。它本质上是一种无意识的选择理论，它的五个元素构成了自由人的终极选择。福祉的每个元素本身都必须具有以下三个属性：

1. 它有助于福祉。
2. 许多人将它视为终极追求，而不仅仅是获得其他元素的途径。
3. 在定义和测量上独立于其他元素（排他性）。

福祉的五个元素分别是积极情绪、投入、意义、成就和积极关系。可以使用缩写"PERMA"来帮助记忆。接下来，我们从积极情绪开始，逐一讲解这五个元素。

积极情绪（Positive emotion）。福祉理论的第一个元素是积极情绪（愉悦的人生）。这也是"真实的幸福"理论的第一个元素。它仍是福祉理论的基石，但有一个关键的改变，主观测量的幸福感和生活满意度从整个理论的目标降低为包含在积极情绪之中的因素之一。

投入（Engagement）。投入仍然是元素之一。与积极情绪一样，它也只能靠主观评估（"有没有感觉到时间停止了""你是否完全被任务所吸引""你是否失去了自我意识"）。积极情绪是享乐或愉悦的元素，包含了所有常见的主观幸福感变量：愉悦、狂喜、舒适、温暖等。然而，请记住，在心流状态中，思想和感受通常是不存在的，只有回过头来看，我们才会说"那很有趣"或"那很美妙"。虽然对快乐的主观感受是在当下，但投入的主观感受只能靠回溯。

积极情绪和投入很容易满足这三大属性：（1）积极情绪和投入能促进福祉；（2）许多人将积极情绪和投入视为终极追求，而不是为了获得其他任何元素（我想要背部按摩，哪怕它不会带来任何意义、成就和积极的人际关系）；（3）它们的测量与其他元素无关（事实上，的确有一小部分科学家致力于测量这些主观幸福感的变量）。

意义（Meaning）。我将意义（指归属并服务于某种你认为比自我更重要的东西）保留下来，作为福祉的第三个元素。意义有一个主观成分（"宿舍里的彻夜长谈难道不是有史以来最有意义的谈话吗"），因此它可能包含在积极情绪中。如前所述，主观成分是积极情绪的决定因素。拥有积极情绪的人，对自己的快乐、狂喜或舒适不会感觉出错——你觉得是怎样，就应该是怎样。然而，就意义而言并非如此。现在的你可能会认为通宵夜谈非常有意义，但几年后，当你对让你兴奋的东西不再感兴趣，重新想起它来，就会发现，很明显，这一夜只是青春期的一小部分。

意义不仅仅是一种主观状态。从历史、逻辑和一致性的角度出发的冷静、客观的评判，可能与主观判断相矛盾。亚伯拉罕·林肯是个非常忧郁的人，也许在绝望时会认为人生毫无意义，但我们却认为他的人生充满了意义。保罗·萨特的存在主义戏剧《禁闭》（*No Exit*）可能被他和"二战"后的追随者认为是有意义的，但他提出"他人即地狱"，现在看来是错误的，而且几乎毫无意义。因为如今的人们一致认为，与他人的交往和关系能赋予生命意义和目的。

意义符合这三个标准：（1）能促进福祉；（2）是终极追求，例如，你一心一意地倡导艾滋病研究，会惹恼别人，使你主观上痛苦不堪，并丢了《华盛顿邮报》的记者工作，但你仍然毫不气馁地坚持下来；（3）意义的定义和测量与积极情绪和投入无关，也独立于其他两个因素——成就和积极关系。

成就（Accomplishment）。这就是塞尼亚对"真实的幸福"理论的质疑，她认为人们会为了成功、成就、胜利、成绩和掌控本身而追求它们。我逐渐相信她是对的，而且上面两种短暂的状态（积极情绪和意义，或者延伸为愉悦的人生和有意义的人生）并没有包括人们所有的终极追求。另外两个状态也对"福祉"有所贡献，并不是追求愉快或意义的副产品。

成就（或成绩）往往是终极追求，即使它没有带来积极情绪，没有意义，也没有任何积极的人际关系。最终改变我想法的是，我花了很长时间玩复式桥牌。我和许多伟大的牌手打过，其中有些人打桥牌是为了提高能力、学习、解决问题、享受心流。他们享受胜利，也享受失败——只要自己发挥得好——这种心态几乎是伟大的。这些牌手追求的是投入或积极情绪，甚至是纯粹的快乐。也有一部分人打牌只是为了赢。对这些人来说，如果他们输了，无论自己发挥得多好，那都是毁灭性的；反之，如果赢了，那么无论赢的手段有多卑劣，也是好的。有些人甚至会为了赢而作弊。对他们来说，胜利似乎不能带来积极情绪（许多铁石心肠的牌手说获胜毫无感觉，他们只会迅速开始下一局，或是下下棋，等到下一局开始）。此外，这种追求也不会带来投入，因为一旦失败，就很容易使体验无效。这当然也无关意义，因为桥牌不可能是什么远远超越自我的东西。

只为胜利而胜利，也常见于对财富的追求。一些富豪会追求财富，然后将大部分财富捐给他人。约翰·洛克菲勒和安德鲁·卡内基开创了这一模式，查尔斯·菲尼、比尔·盖茨和沃伦·巴菲特都是拥有这一美德的当代典范。洛克菲勒和卡内基的前半生创造了大量财富，后半生则忙着将这些钱捐给科学、医学、文化和教育事业。早年的他们为胜利而追求胜利，后半生则创造了意义。

与这些"捐赠者"形成鲜明对比的是，有一些积累者认为，谁在最后积累得最多，谁就赢了。他们的人生建立在胜利之上。失败是毁灭性的，而且他们从不放弃自己手上的东西，除非是为了赢得更多资源。不可否认，积累者和他们成立的公司为许多人提供了机会，让他们得以谋生、建立家庭、实现自己的意义——但这只是累积者追求胜利的副产品。

因此，福祉理论需要第四个元素：其短期的形式是成就，延伸开来就是"成就人生"，也就是将成就作为人生的终极追求。

我完全知道，几乎没有人的生命中只存在第四种元素（或是其他三种中的一种）。追求成就人生的人，往往全神贯注于他们所做的事情，也常狂热地追求快乐。当他们获胜时，他们会感受到积极情绪（无论多么转瞬即逝），还有可能为更大的目标服务。电影《烈火战车》（*Chariots of Fire*）中的奥运选手埃里克·利德尔（Eric Liddell）说："上帝让我跑得很快，当我跑的时候，我感受到了他的快乐。"然而，我相信成就是福祉的第四个基本的、可区分的元素，能使福祉理论进一步阐释人类的终极追求。

之所以将成就作为终极追求，是因为我读过一篇极具影响力的文章。20 世纪 60 年代初，我在普林斯顿大学心理学教授拜伦·坎贝尔（Byron Campbell）的老鼠实验室工作，当时主流的动机理论是驱力降低理论（drive-reduction theory），即动物只为满足生理需要而行动。1959 年，罗伯特·怀特（Robert White）发表了一篇离经叛道的文章《重新考虑动机：能力的概念》（*Motivation Reconsidered: The Concept of Competence*），认为老鼠和人的行为往往只是为了控制环境，这给整个驱力降低理论泼了一盆冷水。我们当时丝毫没把它当回事，但经历了漫长而曲折的历程后，我发现怀特是对的。

　　成就人生的加入，也强调了积极心理学的任务是描述人们追求福祉的方式，而不是规定人们应该做些什么。加入这一元素绝不等同于推荐大家追求成就人生，也不意味着你应该改变自己通往福祉的道路，就为了更能经常获胜。更确切地说，我把它包括进来是为了更好地描述人类在不被强迫的自由情况下会选择追求什么。

　　积极关系（Positive Relationships）。有人曾要求积极心理学的创始人之一克里斯托弗·彼得森（Christopher Peterson）用两个字来描述积极心理学，他回答说："他人。"

　　积极很少发生于孤独的时刻。你上次大笑是什么时候？上次感到无法形容的快乐是什么时候？上次感受到深刻的意义是什么时候？上次你为自己的成就感到无比自豪是什么时候？即使不知道你生命中这些高光时刻的细节，我也知道它们的形式：它们发生的时候，周遭都有他人。

　　他人是处在人生低谷时最好、最值得信赖的解药。因此，我才会批判萨特的"他人即地狱"观点。纽约州立大学石溪分校的医学人文学教授斯蒂芬·波斯特（Stephen Post）是我的朋友，他曾给我讲过他母亲的故事。当他还是个小男孩的时候，母亲看到他心情不好，就说："斯蒂芬，你看起来心情很不好。你为什么不出去帮助别人呢？"波斯特母亲的智慧得到了明确验证。科学家发现，在我们所测试的所有方法中，帮助别人是瞬间提高福祉最可靠的方式。

▷ 助人练习

　　"邮费又涨了1分钱！"我大为恼火地说。当时我已经排了45分钟队，距离队首仍然遥遥无期——就为了买100枚1美元的邮票。队伍冷冰冰地移动着，周围的人都很烦躁。终于轮到了我，我买了10张连张邮票，每张都有100枚，总共也就10美元而已。

"谁要 1 分钱的邮票？"我喊道，"免费送了！"我把好不容易买到的邮票送人了，大家爆发出热烈的掌声，聚集在我周围。不到 2 分钟，大部分邮票都发完了，人们也都离开了现场。那是我一生中最心满意足的时刻之一。

你可以做个练习：找一件大家意想不到的好事，明天就去做吧。注意你自己的情绪变化。

葡萄牙马德拉岛附近有一座小岛，形状像一个巨大的圆柱体。圆筒的最顶端是一个几英亩的高台，上面种植着最适宜酿造马德拉酒的葡萄。在这个高台上只生活着一头大型动物，就是负责耕地的牛。只有一条路能到达这座高台，它非常蜿蜒崎岖，又极为狭窄。那么，老牛死后，新牛要怎么爬上去呢？原来每头牛都是在小的时候被工人背上山的，然后它要在那里独自耕田 40 年。如果这个故事触动了你，问问自己为什么。

在你的生命中，有没有那么一个人，能让你在凌晨 4 点打电话倾诉烦恼？如果你的答案是肯定的，那么你可能会比那些回答"没有"的人活得更长。发现这一事实的哈佛精神病学家乔治·瓦利恩特（George Vaillant）认为，被爱的能力是关键。社会神经学家约翰·卡奇奥波（John Cacioppo）则认为，孤独是一种消极的状态，它迫使人们相信，对关系的追求是人类福祉的根本。

不可否认，是否具备积极的人际关系对福祉有着深远的影响。然而，理论上的问题是，积极的关系是否能作为福祉理论的元素？积极的关系显然满足了元素的两个标准：能促进福祉，并且可以独立于其他元素来测量。但是，我们追求关系是为了关系本身，还是仅仅因为它能带来积极情绪、投入、意义和成就？如果积极关系不能带来积极情绪、投入、意义和成就，我们会费心去追求它吗？

我不知道这个问题的答案，甚至想不出一种严谨的实验范式，因为我所知的积极关系都伴随着积极情绪、投入、意义和成就。不过，最近有两种关于人类进化的论据，都指出了积极关系本身的重要性。

人类的大脑为什么这么大？大约 50 万年前，原始人头骨颅容量是 600 立方厘米，现代人则翻了 1 倍，成了 1200 立方厘米。对于脑的大小，流行的解释是为了让我们能够制造工具和武器，而且必须足够聪明才能应对好物质世界。英国理论心理学家尼克·汉弗莱（Nick Humphrey）提出了另一种解释：人脑体积这么大，是为了解决社会问题，而不是物质问题。我和学生交谈时，如何才能让玛吉觉得有趣，也不冒犯汤姆，又能在不直接揭德里克的底的同时，让他意识到自己错了？这是极为复杂的问题。计算机能很快设计出武器和工具，却解决不了这样的问题。但是人类时时刻刻都在解决社会问题。我们拥有庞大的前额叶皮层，不断地利用其数十亿个连接来模拟社会可能性，然后选择最佳的行动方案。因此，巨大的大脑是一个社会关系模拟器，进化出来就是为了设计、执行和谐有效的人际关系。

另一个将大脑与社会模拟器联系起来的进化论观点是群体选择（group selection）。英国著名生物学家和辩论家理查德·道金斯（Richard Dawkins）提出了"自私的基因"理论，认为个体是自然选择的唯一单位。两位杰出的生物学家——埃德蒙·O. 威尔逊（Edmund O. Wilson）和戴维·斯隆·威尔逊（David Sloan Wilson）最近提供了大量证据（虽然两人同姓，但并没有血缘关系），证明群体是自然选择的主要单位。他们的证据源自群居昆虫：黄蜂、蜜蜂、白蚁和蚂蚁，它们都有工厂、堡垒和通信系统，主宰着昆虫世界，就像人类主宰着脊椎动物世界一样。社交是已知最成功的高级适应形式。我猜，它甚至比眼睛的适应性还要大。社会性昆虫在数学上最合理的选择机制应该是通过群体，而非个体。

群体选择在直觉上很简单。假设两组灵长类动物都由基因多样的个体组成，想象一下，其中一组是"社会组"，有情绪性的大脑结构，能促进爱、同情、善良、团队合作和自我牺牲等"蜂巢情感"。此外，它们也有认知性的大脑结构（如镜像神经元），可以模拟他人心理。另一组可以称为"非社会组"，它们在认识物质世界上与社会组同样聪明，身体也同样强壮，但没有蜂巢情感。这两个团体现在陷入了一场致命的竞争（比如战争或饥荒），只能留下一个胜利者。最终，赢家一定是社会组，因为它们能够合作、共同狩猎、发明农业。社会组的基因会被保存和复制下来，包括那些产生蜂巢情感的大脑机制，以及理解他人的想法和感受的能力。

我们永远无法知道社会性昆虫究竟有没有蜂巢情感，也不知道节肢动物用来维持群体合作的方式是否与情绪无关。但是我们很清楚，人类的积极情绪主要是社会性的和关系导向的。在情感上，我们是群居动物，不可避免地寻求与同一蜂巢中其他成员的积极关系。

因此，巨大的社会性大脑、蜂巢情感和群体选择让我相信，积极的人际关系是福祉的五个基本元素之一。虽然积极关系总伴随着积极情绪、投入、意义或成就的好处，但这并不意味着人际关系的建立仅仅是为了获得它们。相反，正因为积极关系是智人走向成功的基本要素，所以进化才让其他那几个元素也参与支持积极关系，以确保我们去追求积极关系。

▷ 福祉理论综述

福祉是一种构建出来的概念；积极心理学的主题是福祉，而不是幸福。福祉有五个可测量的元素（PERMA）：

· 积极情绪（包括了幸福和生活满意度）

· 投入

· 意义

· 成就

· 积极关系

没有一个元素可以单独定义福祉，但每个元素都能促进福祉。这五个元素的某些方面可以通过自我报告进行主观测量，另一些方面则可以用客观测量方法测量。

在"真实的幸福"理论中，幸福是积极心理学的核心。幸福是一个真实的东西，可以通过测量生活满意度来定义。幸福有三个方面：积极情绪、投入和意义，每一个方面都属于生活满意度范畴，并且完全由主观报告来测量。

还有一点需要澄清：在"真实的幸福"理论中，优势和美德（包括善良、社交智慧、幽默、勇气、正直等 24 种）是投入的基石。当你用最大的优势去迎接最难的挑战时，可以体验到心流。在福祉理论中，这 24 种美德是五大元素的共同基础，而不只属于投入——最强的优势会带来更积极的情绪、更多的意义、更大的成就和更好的关系。

"真实的幸福"理论只有"良好的感觉"这一个维度，它声称我们选择某条人生道路是为了尽量使自己感觉最好。福祉理论则有五大支柱，它们的基础是力量。福祉理论在方法和实质上都是多元的：积极情绪是一个主观变量，由人们的想法和感受来定义。投入、意义、关系和成就都有主观和客观的成分。人们可以相信自己有投入、意义、良好的关系和高成就，但其实并非如此，甚至可能是自欺欺人。这就导致福祉不能只存在于人们自己的头脑中，它不仅包括良好的感觉，还包括实际拥有的意义、良好关系和成就。我们选择人生道路的方式是为了尽量得到这五个元素。

幸福理论和福祉理论的差异非常重要。前者认为，我们做出选择时，会估计这种行为能带来多少幸福（生活满意度），然后采取行动来最大限度地提高未来的幸福。最大化幸福是个人选择的最终共同目标。正如经济学家理查德·莱亚德（Richard Layard）所言，这就是个人选择的方式，此外，最大限度地提高幸福感应该成为政府所有决策的黄金标准。理查德是两任英国首相——托尼·布莱尔（Tony Blair）和戈登·布朗（Gordon Brown）的失业问题顾问，也是我的好朋友和老师，作为一名著名的经济学家，他的观点——对经济学家来说——非同凡响。他明智地背离了典型经济学家的财富观，后者认为，财富的目的是创造更多的财富。理查德认为，增加财富的唯一目的是增加幸福感，因此他提出，幸福感不仅是个人的选择标准，还应成为政府决策的黄金标准。虽然我欢迎这一看法，但这其实是另一种赤裸裸的一元论。我不同意将幸福当作福祉的唯一元素、最终目的以及最佳衡量标准。

本书最后一章是关于福祉的政治学和经济学，但现在我只想举一个例子来说明，为什么不能将幸福理论作为人类选择的唯一解释。众所周知，有孩子的夫妇比没有孩子的夫妇平均幸福感和生活满意度要低。如果进化必须依靠最大化幸福，人类早就灭绝了。所以很明显，要么人类普遍在孩子能否带来生活满足感这一问题上自欺欺人，要么我们就是根据其他标准来选择生育的。同样，如果个人未来的幸福是我们唯一的目标，就应该把年迈的父母扔在浮冰上，任其死去。因此，幸福一元论不仅与事实相冲突，而且缺乏道德。如果以幸福理论作为人生指南，很多夫妇可能会选择丁克。然而，如果我们把福祉的范畴扩展到包括意义和关系，选择生孩子、照料年迈的父母就很容易理解了。

幸福和生活满意度只是福祉的元素之一，它们确实是有用的主观衡量标准，但福祉不能只存在于人类自己的头脑中。如果仅以主观幸福感为目标来制定公共政策，就很容易出现像《勇敢新世界》（*Brave New World*）那样的讽刺结果，政府给民众注射名为"soma"的快乐药来提升幸福感。我们的人生选择会参照多元标准，而不只是为了最大限度地增加幸福感，公共政策也是一样。真正有用的福祉标准应该既有主观成分，又有客观成分，包含积极情绪、投入、意义、积极关系和成就。

▷ 以丰盛人生为目标的积极心理学

"真实的幸福"理论中，积极心理学的目标和理查德·莱亚德所说的一样，是增加人生中和全世界的幸福总量。然而，福祉理论中积极心理学的目标是多元的，二者的差异很重要：福祉理论是为了提高人生中和全世界的丰盛程度。

什么是丰盛（flourish）？

剑桥大学的费利西娅·赫珀特（Felicia Huppert）和蒂莫西·索（Timothy So）定义并测量了 23 个欧洲国家的丰盛程度。他们对丰盛的定义符合福祉理论的精神：要丰盛，个体必须具备以下所有"核心特征"和三个以上"附加特征"。

丰盛人生的特征

核心特征	附加特征
积极情绪	自尊
投入、兴趣	乐观
意义、目的	弹性
	活力
	自主
	积极关系

他们在每个国家统计了 2000 多名成年人的以下各项福祉指标，以了解各个国家公民在丰盛方面的表现。

关于丰盛人生的各项特征的解释

积极情绪	总体而言，就是觉得自己有多幸福
投入、兴趣	喜欢学习新事物
意义、目的	通常认为自己所做的事情有价值
自尊	总体而言，对自己的感觉很好
乐观	对未来总是持乐观态度
心理弹性	身处逆境时，总需要很长时间才能恢复正常（此项为反向计分）
积极关系	生命中有一些人真正关心自己

得分最高的是丹麦，33% 的国民生活丰盛；英国的这一比例约为丹麦的一半，18% 的人生活丰盛；而俄罗斯则得分最低，只有 6% 的国民生活丰盛。

丹麦
瑞士
芬兰
挪威
爱尔兰
奥地利
塞浦路斯
瑞典
英国
西班牙
比利时
荷兰
国家 斯洛文尼亚
波兰
爱沙尼亚
德国
法国
匈牙利
乌克兰
斯洛伐克
保加利亚
葡萄牙
俄罗斯

0   5   10   15   20   25   30   35（%）

符合丰盛人生的人数百分比

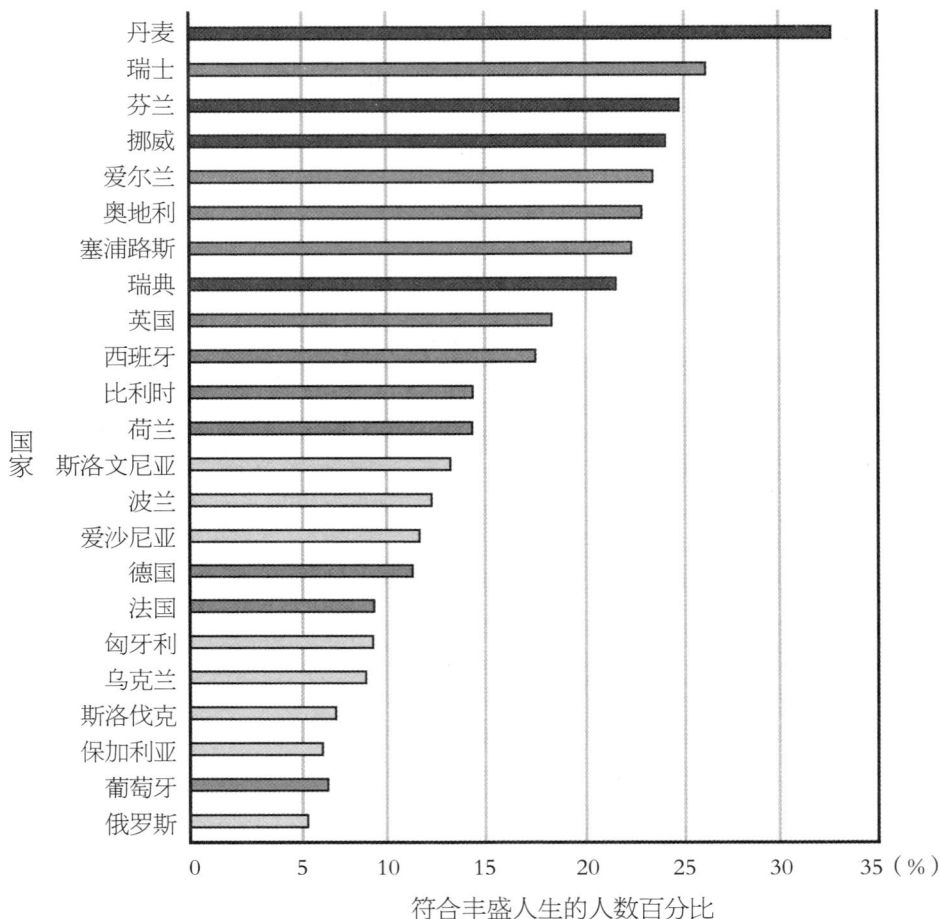

欧洲各国丰盛人生调查结果

　　这一研究引出了积极心理学的"登月"目标，这是最后一章的内容，也是本书真正的目标。随着我们测量积极情绪、投入、意义、成就和积极关系的能力的提高，我们可以严格测量一个国家、一个城市或一个公司里有多少人处在丰盛状态，可以严格测量一个人在人生的什么时候能丰盛蓬勃，可以严格测量慈善机构是否真的让受益人走向丰盛，也可以严格测量学校制度是否有助于我们的孩子茁壮成长。

公共政策只遵循测量数据，而从前的我们只考察金钱和国内生产总值（GDP）。因此，政府的成功只能通过它创造了多少财富来量化。但到底为什么要创造财富呢？在我看来，财富的目标不仅是创造更多的财富，而是创造丰盛。现在，我们可以这样诘问公共政策，"如果不建造公园，而是新建一所学校，能提高多少丰盛度？"也可以问，"麻疹疫苗接种计划是否比同样昂贵的角膜移植计划更有助于丰盛？""通过给家长补贴，让他们有时间在家照料孩子，能增加多少丰盛度？"

因此，福祉理论中积极心理学的目标是衡量和构建丰盛人生。要实现这个目标，首先要问，什么真正能让我们幸福？

感恩之旅

下面是一个简单的练习，可以提升你的福祉，减轻抑郁情绪。

闭上眼睛，回忆一个仍然健在的人，他几年前的言行曾让你的人生变得更好。你从来没有好好感谢过他，但只要愿意，下周你就可以见到他。能想到这么一个人吗？

感恩可以让你的生活更幸福、更满足。在感恩的时候，对生活中积极事件的愉快记忆能让你身心获益。此外，表达感激之情也能让你加强与他人的关系。但有时你只是随口说一句"谢谢"，这几乎毫无意义。在这个名为"感恩之旅"的练习中，你可以用深思熟虑、目的明确的方式，体验如何表达感激之情。

你的任务是写一封感谢信给这个人，并亲自送过去。信的内容要具体，篇幅大约300字，具体说明他为你做了什么，以及这件事对你的人生产生了什么样的影响。让他知道你现在的生活状态，并告诉他，你经常想起他的善举。要写得足够动人！

写完信之后，打个电话给他，告诉他你想去见他，但不要明确说出会面的目的——把它当作一个惊喜，这个练习会更有趣。见到他之后，慢慢地读你的信。读信的时候，留意对方和你自己的反应。如果他在你读的时候打断你，告诉他，你真的很希望他能听你读完。读完信后（每个字都要读），与他讨论信的内容，交流你们对彼此的感受。

从现在开始，一个月内，你会变得更加幸福、更少抑郁。

福祉能改变吗？

如果积极心理学的目标是推进全世界的福祉，那么，首先，福祉必须能够被推进。这句话听起来很简单，其实并非如此。20 世纪上半叶的行为主义者非常乐观，他们认为，如果你能让世界摆脱贫困、种族主义问题、不公平的生活条件，人类生活就会变得更美好。与他们盲目的乐观相反，事实证明，人类行为的许多方面并不会持久改变。你的腰围就是一个很好的例子。节食是一场骗局，每年能骗走美国人 500 亿美元。比如，有人说如果你跟着畅销书学各种饮食方案，一个月内就能减少 5% 的体重。我坚持了 30 天的西瓜减肥法，瘦了 9 千克——那是因为腹泻了一个月。但是，和 80% 到 95% 的节食减肥者一样，3 年内，我复胖了（甚至比之前更重）。同样，正如我们在下一章将看到的，很多心理治疗和药物就像是化妆品，能让我们在很短的时间内缓解症状，但随后又回到了令人沮丧的原点。

福祉会像腰围一样吗？暂时的提升过后，福祉会跌回平时的糟糕状态，还是能持久改变？10 年前，积极心理学还未出现，大多数心理学家对幸福感的持久变化持悲观态度。一项针对彩票中奖者的研究发现，中奖者在意外收获后的几个月内感觉很幸福，但很快又回到了他们习惯的幸福与抑郁水平。这个研究打破了人们对外部环境变好能让人持久快乐的希望。理论家们由此认为，我们很快就适应了发财、升职或结婚这样的喜事，因此必须不断收获更多好事，才能提升已经暴跌的幸福感。只有好事不断发生，我们才能维持在"快乐跑步机"上。但我们总是不断索取更多。

这种追求福祉的方式可不美妙。

如果福祉无法得到持久的提升，就必须放弃积极心理学的目标，但我相信，福祉可以得到有力的提高。所以，这一章要介绍一些能切实、持久提升幸福感的练习。从佛教到现代流行心理学，至少有 200 多种方法号称能解决这个问题。那么，具体哪些方法能切实、持久地提高福祉呢？哪种是暂时性的，哪些是纯属假的？

我是一个笃信科学的经验主义者，换句话说，我会促使人们注意那些只有用实证方法才能获取的真相。在我的研究生涯早期，我曾检验过减轻抑郁的治疗方法和药物。检验的黄金准则是随机分配和安慰组对照研究，也就是随机将一些志愿者分配到实验组（接受正在研究的治疗），将其他被试分配到对照组（给予消极治疗或按目前的标准治疗）。将人随机分配到实验组和对照组，能控制那些容易混淆的内部因素，例如被试内在的积极性高，就更容易变好。在理论上，通过随机分配，积极性很高和很低的人可以平均分配到两个组。对照组的安慰剂疗法控制了外部因素：不论是下雨还是天晴，每组都会有相同数量的人进行治疗。因此，如果治疗有效，并且实验组比对照组改善得更多，就说明该疗法符合黄金法则，是"有效"的，而且这种疗法确实是导致病人改善的真正原因。同样的逻辑也适用于检验旨在增加福祉的练习。

从 2001 年开始，宾夕法尼亚大学的积极心理学中心（指导者是我）开始在网站 www.ppc.sas.upenn.edu 上提问：什么能让我们更幸福？这项研究中，我们没有测量福祉的全部因素，只考察了情绪因素——增加生活满意度，减轻抑郁。

下面是第二个练习，能进一步帮你了解我们的干预措施，这些措施已经通过了随机分配、安慰组对照设计的验证。

多想好事练习（又称"三种祝福"练习）

我们往往过于关注生活中的坏事，对好事想得不够。当然，有时候，分析坏事是有意义的，这样我们可以从中吸取教训，避免重蹈覆辙。然而，人们总是倾向于花更多的时间去思考坏事，而不是好事。更糟糕的是，这种对负面事件的关注会让我们产生焦虑和抑郁。防止这种情况发生的方法之一是更认真地思考、品味那些进展顺利的事情。

由于进化方面的原因，大多数人善于分析坏事，却不那么擅长细思好事。本应为灾难做准备的时候，有一部分原始人沉溺于回味好事，于是没能活过冰河时代。因此，为了克服大脑天生的灾难性倾向，我们需要学习、练习多想好事的技能。

接下来的一周，请在每天晚上睡觉前留出 10 分钟，写下今天的三件好事，以及它们发生的原因。你可以用纸笔记录这些事件，也可以用电脑，重要的是将这些记录保存下来。这三件事可以很小（比如"丈夫今天下班回家路上买了我最喜欢的冰激凌"），也可以很重要（比如"我姐姐刚生了一个健康的男孩"）。

在每件好事旁边都写清楚它为什么会发生。例如，如果你写的是丈夫买了冰激凌，可以写"因为我的丈夫有时真的很体贴"或"因为我在他下班前打了电话给他，提醒他去商店"。如果你写的是"我姐姐刚生了一个健康的男孩"，你可以写"上帝保佑着她"或"她怀孕期间的一切措施都很正确"。

写下好事发生的原因，一开始可能有点尴尬，但请坚持一周，就会逐渐变得容易了。六个月后，你很可能不再那么抑郁，会变得更幸福，并且沉迷于这种练习。

我不仅是个实证主义者，还会用自己做实验。45 年前，我做电击狗实验时，就自己尝试了电击，然后又尝了尝狗粮，感觉比电击更可怕。所以当我想到"多想好事"练习时，也自己先尝试了，结果很成功。接下来我又让妻子和孩子试了一下，仍然有效。然后就轮到了我的学生。

在过去的 45 年里，我几乎教过心理学的每一个主题。但在教积极心理学之前，我的教学从未如此有趣，教学评价也从未这么高过。我教了 25 年变态心理学，没法给学生布置有意义的体验性的家庭作业，他们不可能当一个周末的精神分裂者。这都是书本知识，他们永远不可能知道疯狂本身是什么样的。但是在积极心理学的教学中，我可以安排学生去做一次感恩拜访，或者坚持"多想好事"练习。

实际上，很多练习都是从我的课上开始的。例如，学习了关于感恩的学术文献之后，我让学生设计一个感恩作业，因此，玛丽莎·拉希尔（Marisa Lascher）创造了"感恩之旅"。在五门关于积极心理学的课程中，我都让学生在自己的生活中进行我们想到的练习。接下来发生的事情非同凡响。我从未在学生身上看到过如此积极的生活变化，也从未听过这么多学生如此赞誉一门课，他们说它能改变人生——对老师而言，没有比这更动听的话语。

然后，我尝试了一个新领域，不再教大学生，而是给来自世界各地的精神卫生工作者上课，教他们积极心理学。本·迪恩（Ben Dean）博士专门为持有执照的临床心理学者提供继续教育电话课程。在他的主持下，我开设了四门现场电话课程，每门课程为期 6 个月，每周 2 小时，800 多名专业人士（包括心理学家、人生教练、咨询师和精神科医生）参加了我的课程。每周我都会做一个现场讲座，然后在十几个积极心理学练习中指定一个，让他们与他们的病人、来访者一起做，同时也在自己的生活中练习。

积极心理学的干预措施和案例

我惊讶地发现，即使是针对重度抑郁患者，这些干预措施也奏效了。我知道这些反馈不能构成充分证据，但值得一提的是，作为一名从业 30 年的治疗师和培训师，以及从业 14 年的临床培训主管，我从未遇到过如此大量的正面反馈。以下三个故事都来自刚接触积极心理学的治疗师，他们都是第一次尝试这些练习。

▷ **案例 1**

　　来访者是一名 36 岁的职业女性，目前正在接受抑郁症门诊咨询和药物治疗。我和她一起工作了八个星期，基本上是按照顺序带她完成了电话课程。有一项任务效果特别好，那就是"三个幸福时刻"（即"多想好事"）。她说，曾经的自己完全忘记了过去的好事。我们将这些好事转化为"祝福"，称之为"每天的幸福时刻"，有助于她更积极地看待自己的日常生活。

　　总之，一切都进行得很顺利、很有效。她在网站上的积极得分比以前高得多，她把这归功于辅导过程。

▷ **案例 2**

　　这位来访者是一位抑郁的中年妇女，病态肥胖，有潜在的抑郁症，存在健康问题和减肥困难。治疗了大约三个月后，她做了"幸福之路"测试（AHI，测试网址：www.authentichappiness.org），还接受了其他干预措施。她正在努力用心流、意义和快乐的理念来平衡自己的生活。她发现，她从一开始就知道自己的生活中没有心流，所有的意义都来自帮助别人，而与她自己、她的需要和愿望（快乐）无关。努力学习了三个月之后，她重新做了测试，很高兴地发现这三个方面很均衡地达到了 3.5 分（满分 5 分）。发现了这样一个方法能使自己进步，她很激动，也很高兴。她特地制订了更多计划来处理这三个方面，加入了各种新方法，为人生增添更多心流和意义。

　　治疗师向我报告，让病人了解自己的优势，而不仅仅试图纠正他们的缺点，对病人更有益。这一过程中的关键步骤始于请病人做"突出优势"测试（VIA，附录中有简短版本，完整版见网站 www.authentichappiness.org）。

▷ **案例 3**

　　我和艾玛一起工作了差不多 6 年，中间中断了 1 年。2 年前，艾玛为数不多的朋友中有一位去世了，她又回来找我。她严重抑郁，有自杀倾向，从婴儿时期开始就受到各种虐待，直到如今。在过去的几个月里，我使用了一些积极心理学方法。一开始，我让她做了 VIA 测试，尝试帮她看清自己真实的内心，纠正她过去的错误认知（认为自己跟"烂泥"一样）。这项测试为下一步行动打下了基础。这是一个工具，就像我为她举起了一面清晰的镜子，让她得以看到清晰的自我形象。这是一个缓慢的过程，但很快她就能够谈论自己的优势，看到每一种优势对她来说都是"真实的"，明白一些优势可能让她陷入困境，了解她在何处利用这些优势能为自己和其他人带来好处，什么可以帮助她发展潜在的优势。最近，我对她用了一些积极心理学练习 / 干预。3天后，她带着两页纸来赴约。纸上写着七个条目，以及她愿意采用的行动步骤。读那两页纸的过程中，我一直在哭，而她一直面带微笑。曾经的她很少笑。这是一个值得庆祝的时刻，除此之外，她正在跨越一些最突出和最具挑战性的"障碍"，这些障碍与习得性无助和所有其他个人问题有关，这些都是她需要在治疗中解决的问题。

我希望你也能做一下艾玛参加的那个 VIA 测试，可以按本书附录中的版本做，也可以在我的网站上做。然后，我们可以着手做一些练习，正是这些练习帮艾玛走上了康复之路。

在这里，我来谈一谈为什么要建立这个网站。它包含了所有经过验证的主要的积极心理学测试，还能提供针对你个人的反馈。这个网站是免费的，我们计划将其作为公共服务项目。对于积极心理学研究者来说，这也是一座金矿，很多研究者只能找大二学生或临床志愿者收集数据，这个网站可以帮他们更好地获得有效结果。

目前，已有 180 万人在该网站注册并参加测试，每天有 500 到 1500 个新用户注册。我时常会为它增加新的链接。其中一个链接是练习板块，我们会邀请点击此链接的人帮忙测试新的练习方式。首先，他们要进行抑郁和幸福感测试，比如流行病学研究中心的抑郁量表和"真实的幸福"量表，这两个量表都可以在我们这个网站上找到。接下来，我们将他们随机分配到积极干预组或安慰剂对照组。所有的练习都需要2—3个小时，持续一周。在我们的第一个网络研究中，尝试了六种练习，包括"感恩之旅"和"多想好事"练习。

在完成基线调查问卷的577名参与者中，471人完成了后续的五项评估。我们发现，所有条件下的参与者（包括安慰剂对照组，他们被要求每天晚上写一段童年记忆，持续一周）在接受指定训练一周后都更幸福、更少抑郁。不过再往后，对照组的幸福和抑郁程度就回到了他们的基线水平。

其中两个练习——"多想好事"和突出优势练习（即将在下面介绍），显著降低了三个月或六个月后的抑郁水平。另外，这两个练习还大大增加了六个月内的幸福感。"感恩之旅"大大降低了一个月内的抑郁情绪，并使幸福感大幅度增加，但三个月后这种影响就消失了。我们毫不意外地发现，可以通过一周后参与者是否仍然积极坚持练习来预测幸福感的变化持续的时间。

突出优势练习

这个练习的目的是通过更频繁、更有创造性地使用自己的优势，来发现自己的突出优势。所谓突出优势，具有以下特点：

- 归属感和真实感（"这才是真正的我"）
- 展示时会产生兴奋感，尤其是在一开始的时候
- 第一次使用这种优势时，学得非常快
- 渴望找到新的方法来使用它
- 使用这种优势时有势不可当的感觉（"有本事就阻止我啊"）
- 使用这种优势的同时感到精力充沛，而不是筋疲力尽
- 会制订、实施围绕着这一优势的个人计划

·在使用这一优势时感到快乐、热情、充满激情，甚至狂喜

现在请进行优势测试。如果你不方便登录网站，可以在本书附录进行简易版的测试。我们更推荐在网站上做，因为可以立即得到结果，还可以打印出来。这份问卷是由密歇根大学的克里斯托弗·彼得森教授（Christopher Peterson）开发的，已经有来自世界各地的 180 多万人参加了测试。你可以将自己的结果和其他类似的人做比较。

完成问卷后，请注意自己的优势排名顺序。有什么惊喜吗？接下来，拿五个最大的优势逐一问自己：这是我的突出优势吗？

完成测试后，进行这个工作：本周内，无论你在工作、在家里还是在休假，希望你能抽出一段时间，以新的方式练习一项或多项突出优势。注意，确保一定有明确使用某一练习方式的机会。例如：

·如果你的突出优势是创造力，那么可以选择每天晚上留出 2 个小时来写剧本。

·如果你认为希望/乐观是自己的突出优势，那么可以给当地报纸投稿，表达你对太空计划的未来发展满怀希望。

·如果你认为自律是自己的突出优势，可以选择在健身房锻炼，而不是晚上在家看电视。

·如果你的优势是欣赏美丽和卓越，那么你可以选择一条更长、风景更优美的上下班路线，尽管这会增加 20 分钟的通勤时间。

最好的办法是自己创造一种新的优势使用方式，并写下这个过程。你要思考这些问题：你在参加活动之前、期间和之后的感觉如何？活动有挑战性吗？是容易的吗？时间过得快吗吗？你感到忘我了吗？想要重复这个练习吗？

这些积极心理学练习对我、我的家人和学生都很有用，传授给专业人士之后，对他们的来访者（哪怕是重度抑郁的来访者）也有效果。这些练习还通过了安慰剂对照组、随机分配黄金法则的检验。

积极心理治疗

积极心理学家继续让正常人群进行这些练习，大约有十几个被证明是有效的。在这本书中，我会在适当的地方陆续介绍其中一部分。

下一步的研究是将效果最好的练习用于抑郁症患者。我当时的研究生阿卡西亚·帕克斯（Acacia Parks，现任教于里德学院），创建了一个为期6周的方案，其中包括6种练习，以集体治疗的方式进行，主要针对轻度到中度抑郁的年轻人。我们发现其治疗效果惊人：与随机分配的对照组相比，这些练习能明显让他们不再抑郁。随后，在为期1年的跟踪调查中，他们的抑郁症一直没有复发。

最后，塔亚布·拉希德（Tayyab Rashid）博士为宾夕法尼亚大学寻求咨询和心理服务的抑郁症患者创造了积极心理疗法（Positive Psychotherapy，PPT）。与其他心理疗法一样，积极心理治疗需要一套有效的技术，包括基本的治疗要素，如温暖、准确的共情、基本的信任和真诚，以及融洽的咨访关系。我们相信，这些基本要素可以让我们调整技术，以更好地服务于抑郁症来访者。首先，我们要对来访者的抑郁症状和幸福评分（通过网站 www.authentichappiness.org）。其次，我们要讨论抑郁症状是由于缺乏幸福的哪一种元素所致：积极情绪、投入还是人生意义。如后面的提纲所示，接下来还有13次疗程，我们将为来访者提供适宜的积极心理学练习。这些细节可以在我与拉希德博士合著的《积极心理疗法：治疗手册》（*Positive Psychotherapy: A Treatment Manual*, 2011）一书中找到。

▷ **简述 14 次 PPT 疗程（Rashid and Seligman, 2011）**

疗程 1：缺少或缺乏积极的资源（积极情绪、性格优势和意义）会引起并维持抑郁，导致人生空虚。家庭作业：来访者写了一页"积极的自我介绍"（约 300 字），讲述了一个具体的故事，展示了他最好的一面，并说明了他利用自己最强的性格优势的方式。

疗程 2：来访者从积极介绍中找出自己的性格优势，并讨论这些优势以前如何帮助了自己。家庭作业：来访者在线填写 VIA 问卷，寻找其性格优势。

疗程 3：我们将重点放在特定的情境中，在这些情境中，性格优势可以促进幸福、投入和意义的培养。家庭作业（从现在开始，持续整个治疗过程）：来访者开始写"好事日记"，每晚写下当天发生的三件好事（可大可小）。

疗程 4：讨论好的记忆和坏的记忆在抑郁症中的作用。纠缠于愤怒和痛苦会使抑郁持续，并破坏幸福感。家庭作业：请来访者写下愤怒和痛苦的感觉，以及它们如何助长了自己的抑郁情绪。

疗程 5：向来访者介绍宽恕的作用，它是一种强有力的工具，可以将愤怒和痛苦的情绪转化为中立的情绪，甚至对某些人来说，可以转化为积极的情绪。家庭作业：来访者写一封宽恕信，描述自己曾受到的伤害和相关情绪，并（仅在适当的情况下）承诺宽恕伤害自己的人。这封信不需要寄出去。

疗程 6：讨论感恩，将其视为持久的感谢。家庭作业：请来访者给一个从未好好感谢过的人写一封感谢信，并亲自送到对方手上。

疗程 7：回顾好事日记及其发挥性格优势的方式，再次强调培养积极情绪的重要性。

疗程 8：讨论一个事实，即"满足者"（"已经足够好了"）比"完美者"（"我必须找到完美的妻子、洗碗机或度假地点"）更幸福。我们会鼓励满足而不是追求完美。家庭作业：请访者回顾提高满意度的方法，并制订自己的提高满意度计划。

　　疗程 9：通过解释风格来讨论乐观和希望：乐观的解释风格总是把坏事看作是暂时的、可变的和局部的。家庭作业：请来访者回顾三个因祸得福的例子。

　　疗程 10：邀请来访者认识一个或多个重要他人的性格优势。家庭作业：指导来访者主动、建设性地回应他人报告的积极事件，还邀请来访者和重要他人会面，称赞自己和对方的性格优势。

　　疗程 11：讨论如何寻找家庭成员的性格优势以及来访者自身性格优势的来源。家庭作业：请来访者的家庭成员在线填写 VIA 问卷，再请来访者绘制一棵树，展示所有家庭成员的性格优势。

　　疗程 12：品味是一种有益的技巧，能增加积极情绪的强度和持续时间。家庭作业：来访者计划一些愉快的活动，并按计划进行。我们给来访者提供了一份具体品味技巧的清单。

　　疗程 13：来访者有能力赠予别人最伟大的礼物之一——时间。家庭作业：来访者要利用自己的性格优势，做一些需要相当多时间的事情，赠予他人"时间"这一礼物。

　　疗程 14：讨论蕴含着愉悦、投入和意义的完整人生。

　　在一项针对重度抑郁症患者的积极心理治疗测试中，患者被随机分为两组，一组按照上述程序进行个体积极心理治疗，另一组进行常规治疗。还有一个匹配组，组里患者的抑郁程度与前两组相当，但并非随机分配组成，接受了常规治疗加抗抑郁药物治疗（我认为随机分配患者服用药物不合乎道德，所以我们只在病人的人口统计学和抑郁强度上进行了匹配）。在所有结果指标上，积极心理治疗都比常规治疗和药物治疗更好地缓解了抑郁症状。我们发现，积极心理治疗组中 55% 的患者病情得到缓解；常规治疗组有 20% 的患者病情得到缓解；而只有 8% 的患者在加上药物后病情得到缓解。

　　积极心理疗法刚刚开始得到实践和应用，这些结果是初步的，非常需要进一步验证。重要的是，要根据来访者的反应调整练习的顺序和持续时间。尽管这还是一个新疗法，但其中的个人练习已经得到了很好的验证。

2005 年 1 月，这些练习产生了最引人注目的结果。当时，《时代》杂志刊登了一篇关于积极心理学的封面文章，我们估计随后会有大量的请求，于是开设了一个网站，提供一项免费的练习："多想好事"。成千上万的人注册了。我特别感兴趣的是 50 个非常严重的抑郁症患者，他们登录网站进行抑郁和幸福的测试，然后做了"多想好事"练习。这 50 人的平均抑郁得分为 34 分，提示重度抑郁。重度抑郁的人，很可能是好不容易才起床到电脑前做了这个测试，然后又回到床上。他们每个人都做了"多想好事"练习，记录了一周内每天的三件好事，然后汇报到网站上。平均来说，他们的抑郁评分从 34 分骤降到 17 分，抑郁程度从重度降到轻 - 中度，幸福评分则从 15% 跃升到 50%。这 50 人中，有 47 个现在变得更少抑郁、更幸福了。

这个不是对照研究，没有随机分配，没有安慰剂组，也存在着潜在的偏差，因为大多数来到网站的人就是想要变好的。然而，我从事抑郁症的精神治疗和药物治疗已经 40 年了，还是第一次见到这样的结果。这也引出了我们的下一个话题——药物和心理治疗的肮脏小秘密。

药物和心理治疗的肮脏小秘密

我是申报科研基金的老手。在过去的 40 年里，我大部分时间都在为拿到政府资助而祈祷，膝盖都快跪坏了。美国精神卫生研究所（NIMH）连续资助了我 40 年，然而，当我看到上一章所述的结果时，才终于看到了一个重大突破。这一突破当然不是结论性的，但足以引起人们的兴趣，思考是否值得花大价钱来研究这一经济实惠的抑郁症治疗方法。

世界卫生组织（WHO）称，抑郁症是世界上最昂贵的疾病，主要是靠药物和心理治疗。平均来说，治疗一个抑郁症个案每年要花费 5000 美元，而美国每年大约有 1000 万这样的病例。抗抑郁药的生产已经成为一个价值数十亿美元的产业。想想看，自己在网络上就能进行的积极心理学练习——这种治疗方法极为经济实惠，便于广泛传播，而效果并不比心理治疗和药物治疗差——谁不愿意尝试呢。我曾三次向美国精神卫生研究所申请资助以进一步研究，令人震惊的是，每次都没能通过初审（这章并非专程呼吁个人捐助，我要很高兴地承认，我现在的资金多得不知道该怎么花。我主要想讲的是政府和行业错误的优先级定位）。为了让读者理解这一提议被否决的原因，我必须说出这两大产业——制药公司与心理治疗协会，对付包括抑郁症在内的情绪障碍的绝活。

治愈还是缓解

生物精神病学和临床心理学的第一个肮脏的小秘密是，它们都放弃了治愈的念头。如果要完全治愈，所需时间太长，保险公司却只报销短期的治疗费用。所以，现在的心理治疗和药物治疗类似于短期危机管理，只治标不治本。

药物可以分为两种：治标药和治愈药。如果你服用抗生素足够长的时间，它可以通过杀死入侵细菌来治愈疾病。停止服用抗生素后，疾病不会复发，因为病原体已经死亡。在这种时候，抗生素就属于治愈药。如果你服用奎宁治疗疟疾，就只能暂时抑制症状。一旦停止服用奎宁，疟疾就会复发。奎宁是一种治标药，也可以称为姑息药——所有的药物都可以分为治愈性或治标性的。姑息治疗也是一件好事（我自己就需要戴助听器），但它不是最佳选择，也不是干预的最终目的。症状缓解应该是治愈道路上的第一站。

然而，这条路似乎到症状缓解就为止了。精神病药物货架上的每一种药物都是治标药。目前还没有治愈性药物，据我所知，也没有一种旨在治愈的药物正在研制。生物精神病学已经放弃了治愈。我绝不是弗洛伊德主义者，但我发现弗洛伊德在一件事上堪称楷模——他始终以治愈为目标。弗洛伊德想要一种像抗生素一样有效的心理疗法，他的谈话疗法是试图用洞察和宣泄来治愈病人，彻底摆脱症状。弗洛伊德并不追求症状缓解，一些症状缓解甚至可以被看作是一种防御措施，可以称其为"假装病愈"（flight into health），是疾病自我保存的一种方式。症状缓解并不是心理动力学治疗的重要目标。不过，诱使心理学和精神病学致力于治标不治本的主要原因是医疗管理的严格性，而并不是弗洛伊德的影响力下降。

65% 壁垒

我花了很大一部分时间来测量心理治疗和药物治疗的效果，发现了第二个肮脏的小秘密——从技术层面来看，它们的治疗效果几乎都很"微弱"。比如被大量文献证实为"有效"的两种疗法：抑郁症的认知疗法（改变你对不良事件的看法）和选择性 5- 羟色胺再摄取抑制剂（Selective Serotonin Reuptake Inhibitors, SSRIs，如百优解、左洛复、来士普等）。在数量庞大的文献中取一个平均值，这两种疗法都能达到 65% 的缓解率，而安慰剂效应则为45%—55%。安慰剂越真实、越精细，效应就越强。安慰剂的反应如此之高，以至于在美国食品和药物管理局（Food and Drug Administration, FDA）正式批准抗抑郁药物时所依据的那些研究中，半数研究发现安慰剂和药物的效果没有差异。

近期关于抗抑郁药物的研究更令人沮丧。一个由著名心理学家和精神病医生组成的团队进行了六项成功的药物与安慰剂对照研究，收集了 718 名按抑郁症严重程度进行划分的患者数据。对于非常严重的抑郁症（如果你有这么严重的抑郁症，可能无法阅读像本段这么难的文章），药物显示出可靠的效果；但对于中度和轻度抑郁症，效果基本不存在。不幸的是，绝大多数抗抑郁药物的处方都是为这些中度和轻度抑郁症患者开的。因此，药物比安慰剂的效果最多只能好 20%。不论是病人病情好转的百分比，还是病人症状缓解的百分比，65% 这个数字都会一次又一次地出现。我把这一情况称为"65%壁垒"。

为什么存在 65% 壁垒？为什么心理治疗和药物治疗的作用这么小？

从我第一天开始滑雪到放弃滑雪，整整 5 年里，我一直在和山搏斗。滑雪从来都不容易。而我所知的每种心理疗法、每种练习，都是在"和山搏斗"。换言之，这些疗法不能自我强化，其益处会随着时间的推移而逐渐消失。总的来说，谈话治疗技术有共同的特点：很难做到，毫无乐趣，很难融入生活。事实上，我们衡量谈话疗法的有效性，就是看来访者在治疗结束后能坚持多久才再次崩溃。每一种药物都有着完全相同的特性：一旦停止服用，患者就会回到原点，旧病复发，恢复原状。

积极心理学则恰恰相反。试试下面这个积极心理学练习吧，一旦弄明白了，自己坚持做这个练习会很有趣的。

主动、建设性的回应

有一个奇怪的现象，婚姻咨询通常包括教导一对伴侣如何在婚姻中更好地斗争。这可能会把一段难以忍受的关系变成一段勉强可以忍受的关系。那也不算太差。然而，积极心理学更感兴趣的是如何把一段不错的关系变得更美好。加州大学圣巴巴拉分校心理学教授谢利·加贝尔（Shelly Gable）已经证明，一个人庆祝的方式比斗争方式更能预测亲密的关系。我们关心的人经常告诉我们他们的胜利、成功，以及发生在他们身上的不那么重要的好事。我们的应对方式可以加强这种关系，也可以破坏它。下表列出了四种基本的应对方式，其中只有一种有助于建立良好关系。

伴侣与你分享好事	回应类型	你的回应
"我升职加薪了！"	主动、建设性	"太棒了！我真为你骄傲。我知道升职对你有多重要，快告诉我当时的情境！你老板在哪里告诉你的？他怎么说的？你怎么回应的呢？我们应该出去庆祝一下。" 非言语回应：保持眼神交流，表现积极的情绪，如真诚地微笑、抚摸、大笑。
	被动、建设性	"这是个好消息。升职加薪是你应得的。" 非言语回应：很少或没有主动的情绪表达。

伴侣与你 分享好事	回应类型	你的回应
	主动、破坏性	"那你接下来责任更重了啊。以后晚上在家的时间更少了吧？" 非言语回应：表现出消极情绪，例如不愉快地皱眉。
	被动、破坏性	"晚餐吃什么？" 非言语回应：很少或没有眼神交流，转身离开。
"我刚抽奖中了 500 块！"	主动、建设性	"哇，好幸运！你打算给自己买点好东西吗？你怎么买到那张彩票的？中奖的感觉是不是很爽？" 非言语回应：保持眼神交流，表达积极情绪。
	被动、建设性	"不错嘛。" 非言语回应：很少或没有积极的情绪表达。
	主动、破坏性	"我敢肯定你得为此缴税。我从来没中过奖。" 非言语回应：表达消极情绪。
	被动、破坏性	"我今天工作很不顺心。" 非言语回应：几乎没有眼神交流，转身离开。

　　你本周的任务就是：每当你关心的人告诉你发生在他们身上的好事时，仔细倾听，努力做出主动、建设性的回应。让对方和你一起重温这件事，重温时间越长越好。花大量时间做出回应（不要太精炼）。一周以内，你每天都要去寻找周围人的好事，并在每天晚上用以下形式将它们记录下来。

别人的事件	我的反应（尽可能完整记录）	别人对我的回应

如果你发现自己在这方面不是特别擅长，那就提前计划吧。写下最近听到的一些具体的好事，并写下你应该如何回应。早上醒来时，花 5 分钟想象你今天将遇到谁，以及他们可能会告诉你关于他们自己的什么好事。计划好你的主动、建设性的回应。在一周内，在设想的回应基础上，进行相应的调整。

这种技术不是"与山搏斗"，所以比较容易坚持下去。不过，它也不是我们大多数人的天性，需要勤奋练习，直到成为习惯。

2010 年 7 月，我在柏林举办研讨会，很高兴看到我 16 岁的儿子达里尔坐在前排。因为我终于有机会向达里尔展示我真正的谋生之道，而不是坐在电脑前写作和打桥牌。在第一个小时里，我给 600 名参与者做了主动、建设性的练习，将他们分成两组，A 组说一件好事，B 组做出反应，然后两组任务对调。我看到达里尔与一个陌生人组队，也这么做了。

第二天，我们全家去了蒂尔加滕（Tiergarten）的一个大型跳蚤市场，东游西逛，购买东欧之旅的各种小饰品、纪念品。我的两个小女儿——9 岁的卡莉和 6 岁的珍妮，对这次冒险感到兴奋，四处乱跑。那天的气温在柏林创纪录了，高达 38℃，我们很快就花光了钱，所以走进了最近的咖啡馆吹空调、喝冰咖啡。卡莉和珍妮都戴着镶有珠宝的塑料金色头饰。

"我们花了 13 欧元买的。"卡莉自豪地说。

"你没讲价吗？"我不假思索地回应。

"爸爸，这可真是一个主动、破坏性的典型例子。"达里尔评价道。

所以，哪怕是我，也得不断练习这一技巧，还需要获得很多指导。

不过，只要你开始这样做，就会发现别人更喜欢你了，更愿意花时间与你在一起，与你分享人生中更多的私密细节，你的自我感觉会更好，所有这些又会反过来加强你主动、建设性的应对能力。

应对负面情绪

20 世纪，人们重视治疗，治疗师的工作是尽量减少负面情绪：通过药物或心理干预，使人们减少焦虑、愤怒和抑郁。今天，治疗师的工作也是尽量减少焦虑、愤怒和悲伤。父母和老师也承担了同样的工作，我不看好这种方式，因为还有另一种更现实的方法可以来解决这些烦躁情绪：学会在感到悲伤、焦虑或愤怒的时候，照样好好生活。换言之，就是应对它。

我的立场源于 20 世纪最后 25 年中人格领域最重要（也是政治上最不和谐）的研究发现。这一坚如磐石的发现让整整一代环境主义研究者（包括我在内）大失所望，但事实确实如此，大多数人格特征都具有高度遗传性，也就是说，一个人可能遗传了一种强烈的悲伤、焦虑或宗教狂热倾向。病理性心境恶劣常常源自这些人格特征，但并非总是如此。强大的生物基础决定了我们中的一些人容易悲伤、焦虑和愤怒。治疗师可以改变这些情绪，但改变的程度很有限。抑郁、焦虑和愤怒很可能来自遗传的人格特征，这些特征只能得到改善，而不能完全消除。这意味着，作为一个天生的悲观主义者，尽管我知道并运用了书中的各种治疗技巧，用以反驳自动产生的灾难性想法，却仍然常听到内心的一些声音，比如"我是个失败者"和"不值得活下去"。我通常可以通过反驳来降低这种音量，但它们始终都在，潜伏在心底，随时可能抓住我的任何挫折来反攻。

如果病理性心境恶劣的遗传性是导致 65% 壁垒的一个原因，那么治疗师该怎么办？奇怪的是，治疗师可以学习狙击手和战斗机飞行员的训练方式（顺便说一句，我不是推崇狙击，只是描述一下训练方式）。狙击手大约需要 24 小时才能就位，然后又需要 36 个小时才能开枪。这意味着狙击手在开枪前 2 天都没有睡觉，累得要命。现在，假设军队去找心理医生，问他如何训练狙击手。他很可能会建议使用唤醒药物（如莫达非尼）或心理干预来缓解困倦（在手腕上套一根橡皮筋，困的时候弹自己一下，可以让人暂时保持警觉）。

然而，实际上，狙击手不是这样训练的，而是让他们保持清醒，坚持3天，在累得要死的时候练习射击。也就是说，要教狙击手应对他们所处的消极状态：即使在极度疲劳的情况下也能发挥良好。与之相似，战斗机飞行员都是选胆子大、坚毅强壮的人，但即使是最坚毅强壮的人，在战斗飞行中也可能会被吓得魂飞魄散。同样，飞行教员不会要求治疗师教他们减少焦虑的诀窍（有很多这样的技术），让学员成长为心情放松的战斗机飞行员。反之，教员会让喷气式飞机直接俯冲地面，把学员吓得半死，从而让他们学会在惊恐状态下拉起飞机。

负面情绪和消极人格特征具有很强的生物学局限性，如果临床医生要选用治标的方法，充其量也只能让患者生活在他们天生的抑郁、焦虑和愤怒的最低点。想想亚伯拉罕·林肯和温斯顿·丘吉尔吧，他们都患有严重的抑郁症，但都是高功能抑郁症患者，能很好地应对自己的"黑狗"（black dog）[1] 和自杀意念（1841年1月，林肯差点自杀了）。即使在极度抑郁的时候，他们都能够很好地应对自如。因此，鉴于人类疾病遗传的顽固性，临床心理学需要发展一种教人"应对"的心理学。我们需要告诉病人，"看，事实是，无论我们在治疗上有多成功，你还是会在许多个早晨醒来时感到沮丧，认为生活毫无希望。你的任务不仅是与这些情绪作斗争，而且还要英勇地生活，即使在非常悲伤的时候，也能运转良好。"

新的治疗方法

到目前为止，我认为所有的药物治疗和大部分的心理治疗都只能治标，

---

1 丘吉尔有一句名言："心中的抑郁就像条黑狗，一有机会就咬住我不放。"此后，黑狗便成了抑郁症的代名词。——译者注

做到最好也就是接近 65% 的症状缓解。有一种方法的效果能超越 65%，那就是教病人如何应对它。但更重要的是，积极心理干预可能会突破 65% 壁垒，将心理治疗从治标的症状缓解转向治愈。

现在使用的心理治疗和药物治疗就像半成品。在极少数情况下，它们能完全成功，使病人摆脱痛苦、悲伤以及消极症状。简言之，它们消除了生命内在的不利条件。然而，消除不利条件并不等于创造有利的生活条件。如果我们想要获得丰盛和福祉，必须尽量减少痛苦，除此之外，还必须有积极情绪、投入、意义、成就和积极的关系。培养这些能力的技巧和练习与减少痛苦的技巧和练习是完全不同的。

假设我是一个玫瑰园的园丁。我花了很多时间清理灌木丛、除草，因为杂草阻碍了玫瑰的生长，是一种不利条件。但是如果想拥有满园玫瑰，仅靠清理和除草远远不够。我必须用泥炭、苔藓来改良土壤，选好玫瑰品种，给它浇水、施肥（在宾夕法尼亚州，还需要喷洒最新型的农药）。我必须提供能让它丰盛蓬勃的有利条件。

同样，作为一名治疗师，我偶尔会帮助患者摆脱所有的愤怒、焦虑和悲伤。我以为病人会变得幸福起来，但却并未如此。相反，他们会从此变得空虚。这是因为拥有积极情绪、意义、良好的工作和积极的人际关系的技巧，远远比减少痛苦要难。

大约 40 年前，我刚开始做治疗师，病人经常告诉我，"我就是想要幸福，医生"，我把这句话理解成了他想摆脱抑郁症。那时我手头没有构建幸福感的工具，被西格蒙德·弗洛伊德和亚瑟·叔本华蒙蔽了双眼（他们教导我们，人类所能达到的最好的成就就是尽量减少自己的痛苦）；我甚至没有想过这两者之间的区别。我只有缓解抑郁的工具。但每个人，每个病人，都想要"幸福"，而这个合理的目标包括了减轻痛苦和构建幸福两方面。在我看来，治愈需要用上所有减少痛苦的方法（包括药物和心理治疗），再加上积极心理学。

这就是我对未来、对治愈的展望。

首先，我们需要告知患者，药物和心理治疗只能暂时缓解症状，治疗停止后很可能复发。因此，帮助病人在症状存在的前提下仍然能够应对并功能良好，理应是治疗中重要的一部分。

其次，不应在痛苦减轻时就结束治疗。患者需要学习积极心理学的具体技能：如何拥有更多的积极情绪、更多的投入、更多的意义、更多的成就和更好的人际关系。与减少痛苦的技巧不同，这些技巧能够自我维持，越用越顺。它们可以治疗抑郁和焦虑，也能帮助预防抑郁和焦虑。这些技能比缓解症状更重要，它们是丰盛人生的意义所在，对每个人的福祉都至关重要。

但谁来向全世界传播这些技能呢？

应用心理学与基础心理学：问题与困惑

2004 年，当宾夕法尼亚大学的高层讨论是否应设立一个新的学位来满足公众对积极心理学的需求时，自然科学院院长带着点敌意说："我们得在新的学位名称中加上'应用'，毕竟心理学系是做纯科学的，不应该把大家搞糊涂了，对吧？"

"塞利格曼教授会同意吗？"社会科学院院长问，"这有点侮辱人吧，加上'应用'，就变成'应用积极心理学硕士'了。"

我完全没感到被侮辱，反而很喜欢"应用"这个词。宾夕法尼亚大学的创立者是本杰明·富兰克林（Benjamin Franklin），他提出，既要有"应用性"课程，也要有"装饰性"课程。所谓的"装饰性"就是指"目前没有用"。事实上，装饰性课程在学校占据主导地位，我们系几乎完全是"装饰性"的，然而工作 40 年来，我一直是一个"应用性"的特立独行者。巴甫洛夫条件反射、色觉、串行与并行心理扫描、大鼠 T 形迷宫学习的数学模型、月亮错觉等，都是在我们系里享有很高声誉的课题。在心理学的高端学术领域，研究现实世界有点被人嫌弃，这种鄙夷弥漫在院长们关于创建新学位的辩论中。

最初，我学心理学是为了减轻痛苦，增进福祉。我本以为我已经为此做好了充分准备，但实际上，我受到的教育是错误的。我花了几十年的时间才从中挣脱，并如下文所述，找到了自己的方式去解决真正的问题，而非解决谜题。事实上，这个主题贯穿了我整个学术和职业发展生涯。

我的错误教育经历很有启发性。20 世纪 60 年代初，我怀着改变世界的希望进入了普林斯顿大学，然后就遭遇了伏击。这种攻击方式如此微妙，以至于 20 年来，我都不知道自己遭到了伏击。我被心理学所吸引，但心理学系的研究似乎很平淡——不是研究大学二年级学生，就是研究小白鼠。普林斯顿大学的世界顶尖学者都在哲学系，所以我选择了主修哲学，和许多聪明的年轻人一样，在哲学系，我被维特根斯坦（Ludwig Wittgenstein，1889—1951）的鬼魂迷住了。

积极心理学的诞生

剑桥大学的哲学霸主维特根斯坦是 20 世纪哲学领域中最具魅力的人物，主导了两次重要运动。他出生在维也纳，曾英勇地为奥地利而战，结果被意大利人俘虏了。1919 年，身为战俘的他完成了《逻辑哲学论》（*Tractatus Logico Philosophicus*）一书，这本书由编了号的一系列警句构成，促成了逻辑原子论和逻辑实证主义的建立。逻辑原子论认为现实可以被理解为一系列的终极事实，而逻辑实证主义则认为，只有能够重复验证、实证验证的命题才有意义。20 年后，他改变了关于哲学使命的想法。在《哲学研究》（*Philosophical Investigations*）中，他提出哲学的使命不是分析现实的结构单元（逻辑原子论），而是分析人类玩的"语言游戏"。这吹响了普通语言哲学的号角，开始系统分析普通人的言语。

维特根斯坦两大运动的核心都是分析。哲学的任务是对现实和语言的基础进行严谨细致的分析。哲学关心的那些更宏大的主题——自由意志、上帝、伦理、美等，都得在初步分析成功后才能得以解决（如果可以解决的话）。
"对于那些不可言说的，我们必须保持沉默。"这是《逻辑哲学论》中的著名
总结。

与维特根斯坦的思想同样有影响力的是他的个人魅力。成群极其聪明的
剑桥学生仰慕他，喜欢看他在空荡荡的房间里踱来踱去，嘴里吟诵警句，努
力追求道德的纯洁，能轻松驳回学生们的质疑，又自责自己的词不达意。才
华横溢、美貌惊人，磁性般的吸引力和不寻常的性取向，再加上异国情调和
超凡脱俗（他放弃了庞大的家产），种种特质结合在一起，使他极为诱人。学
生们纷纷爱上了这个男人和他的思想（学生往往在喜爱老师的时候学得最好，
这是很常见的现象）。20 世纪 50 年代，这些学子分散到了整个学术界，在接
下来的 40 年里统治了英语国家的哲学界，把他们的迷恋传递给自己的学生。
毫无疑问，维特根斯坦学派也统治着普林斯顿大学哲学系，我们这些学生的
脑子里灌满了维特根斯坦的教条。

我称之为教条，一方面是因为它鼓励我们做严格的语言分析。例如，我
的毕业论文就是对"相同"（same）和"一样"（identical）进行仔细分析，后
来我的导师以他的名义发表了一篇同主题的文章。另一方面，如果我们试图
谈论"不可言说之物"，就会受到惩罚。尼采的老师沃尔特·考夫曼（Walter
Kaufmann）充满魅力（他提出"哲学的意义是改变你的生活"），如果有学生
将此当回事，就会被认为头脑混乱、一知半解。没有人会问"皇帝的新衣"
一类的问题，比如"为什么必须先做语言分析"。

1947 年 10 月，在剑桥道德哲学社，维特根斯坦和卡尔·波普尔（Karl
Popper）进行了历史性会面——大卫·埃德蒙兹（David Edmonds）和约
翰·艾丁诺（John Eidinow）在著名的《维特根斯坦的拨火棍》（*Wittgenstein's
Poker*）中再创造了这一事件——老师当然不会教我们这些内容。波普尔批
评维特根斯坦误导了一整代哲学家，让他们去研究谜题——初始条件的初始
条件。波普尔认为，哲学不应该研究谜题，而应该关注问题，包括道德、科

学、政治、宗教和法律等。维特根斯坦怒不可遏，朝波普尔扔了一根拨火棍，"砰"的一声把门关上，拂袖而去。

　　我多么希望我在大学时代就开始怀疑，维特根斯坦不是现代哲学界的苏格拉底，而是达思·韦德（Darth Vader）[1]。我多么希望我能坦率地承认他是个装腔作势的学者。最后我终于意识到，我的方向错了，于是我开始纠正自己的错误。1964 年，我拒绝了牛津大学分析哲学专业的奖学金，进入宾夕法尼亚大学攻读心理学研究生。哲学是一个令人费解的游戏，但心理学不是一个游戏，我热切地希望，它真正能帮助人类。罗伯特·诺齐克（Robert Nozick，本科阶段教授我笛卡尔课的老师）帮我实现了这一目标，获得牛津的奖学金时，我向他寻求建议。诺齐克曾给过我最残酷也最明智的职业建议："哲学是对其他东西的一种很好的准备，马丁。"后来，诺齐克在哈佛大学当教授，开始挑战维特根斯坦，找到了解决哲学问题的方法，而不是纯粹的破解语言谜题。然而，他做得很巧妙，没有人拿着拨火棍威胁他，所以他能够推动高等学术哲学朝着波普尔倡导的方向发展。

　　我拒绝了成为职业桥牌选手的机会，因为桥牌也是一种游戏。尽管我已经从哲学转向心理学，但我接受的仍然是维特根斯坦式的训练。事实证明，我进入了一个与之类似的系，这是一个始终推崇研究装饰性知识，解决心理上的谜题的圣地。宾夕法尼亚大学的学术声望来自对谜题的严谨研究，但我更渴望解决现实生活中的问题，如成就、绝望等。这种渴望不断折磨着我。

　　我读博士时研究的是小白鼠，发现不可预测的电击比可预测的电击更能令它们恐惧，因为这会让小白鼠永远不知道什么时候是安全的。尽管这个研究让编辑学术期刊的谜题大师们很满意，但它却无法直接解决问题。我也曾研究过习得性无助，也就是由不可控的电击引起的消极感。这也是一个实验室模型，高等学术期刊愿意发表，但它却不能直接解决人类的问题。1970—

1　原名阿纳金·天行者（Anakin Skywalker），是电影《星球大战》系列里的主角。——译者注

1971 年，我在精神病学教授阿伦·贝克（Aaron Beck）和艾伯特·斯顿卡德（Albert Stunkard）的指导下获得了相当于精神病学住院医师的资格，此后不久，转折出现了。作为抗议，也是为了和贝克、斯顿卡德一起学习一些实际的精神病学知识，让我的解谜能力更接近于解决真实世界中的问题的能力，我辞去了康奈尔大学的助理教授职位。这是我在 1967 年拿到博士学位后的第一份工作。1972 年，我重新加入宾夕法尼亚大学心理学系，有一天在当地熟食店吃午餐时偶遇贝克。

"马丁，继续做动物实验的心理学家就是在浪费生命。"贝克说。我被嘴里的烤鲁宾三明治噎住了，但这是我所听过的第二好的建议。所以后来我成了一个应用心理学家，专门研究问题。我知道，从那一刻起，我就成了特立独行的角色，"搞科普的家伙"，基本算是同伴中一只披着羊皮的狼。我作为一名基础学术科学家的日子屈指可数了。

据我所知，那场秘密的教师辩论集中在我的工作会向应用方向漂移这一可怕的可能性上。令人惊讶的是，尽管如此，宾夕法尼亚大学还是给了我终身教职。从那以后，我在宾夕法尼亚大学的工作一直很艰难，但直到 1995 年我参加了一个聘请社会心理学家的委员会时，才明白这条路到底艰难到了什么地步。我的同事乔·巴伦（Jon Baron）提出了一个革命性的建议，应该招聘一位研究工作、爱情或娱乐的人。"这才是人生的意义。"他说。我大为赞同。

然后我一夜未眠。

我在脑中扫描了十位世界顶尖心理学系里的终身教师，发现没有一位专注于研究工作、爱情或娱乐的。他们都致力于研究"基本"过程：认知、情感、决策理论、知觉。能帮我们了解生命价值的学者在哪里？

第二天，我碰巧和心理学家杰尔姆·布鲁纳（Jerome Bruner）共进午餐。当时他已经 80 多岁，近乎失明，整个人就是一部美国心理学的活历史。我问他，为什么这些著名大学的院系都只研究所谓的基本过程，而不研究现实世界？

"事情发生在一个决定性的时刻，马丁，"杰尔姆说，"我当时就在现场。那是 1946 年，在实验心理学家协会（Society of Experimental Psychologists）的一次会议上（我是这个常春藤学校教授精英联谊会的非会员参与者，现在它就类似于一个女生联谊会），哈佛大学的心理学系主任埃德温·伯林（Edwin Boring）、普林斯顿大学的心理学系主任赫伯特·兰菲尔德（Herbert Langfeld）和宾夕法尼亚大学的心理学系主任萨缪尔·费恩伯格（Samuel Fernberger）一致认为心理学应该更像只做基础研究的物理和化学，他们不会聘请应用心理学家。随后，整个学术界纷纷效仿。"

这个决定是一个重大错误。1946 年，心理学还是一门很不稳定的学科，模仿物理和化学也许能在学院院长那里赢得一些分数，但在科学上却毫无意义。物理学曾经是一门古老的工程科学，解决了实际问题，然后才转变为抽象的基础研究。应用物理学预测了日食、洪水和天体的运动，还能铸造货币。艾萨克·牛顿在 1696 年掌管了英国造币厂。化学家制造火药，哪怕是在研究炼金术这样不可能完成的任务中，也积累了大量科学事实。这些现实世界的问题和应用，为应用物理学将要解开的基本谜题设定了界限。与之相反，心理学没有能在真实世界验证有效的工程科学，没有指导和限制其基础研究的基础。

好的科学需要分析和综合的相互作用。在确定基础是什么之前，你永远不知道基础研究是不是真正的基础性研究。现代物理学之所以出现，并不是因为它的理论——这些理论可能非常违背直觉，伴随着很多争议（如介子、波粒二象性、超弦、人择原理等），而是因为物理学家创造了原子弹和现代核电站。20 世纪 40 年代，免疫学是医学研究中相对落后的领域，但在索尔克（Salk）和萨宾（Sabin）的小儿麻痹症疫苗问世之后，这一学科逐渐发展起来，随后才有了免疫学基础研究的兴起。

19 世纪，爆发了一场关于鸟类如何飞行的物理学争论。1903 年 12 月 17

日，短短 12 秒钟彻底终结了这场争论——莱特兄弟驾驶着自己制造的飞机飞了起来。然后，许多人得出结论，所有的鸟都是这样飞的。这也是人工智能的逻辑：如果基础科学能够仅仅通过建立二进制开关电路网络，就可以造出一台能够理解语言、说话或感知物体的计算机，那么，人类一定也是以这种方式做到这些奇妙事情的。应用往往能为基础研究指明方向，而毫不关心应用的基础研究通常不过是自娱自乐。

好的科学必然包括应用和纯科学的积极相互作用，但纯粹的科学家与一流的应用者都不太接受这件事。作为宾夕法尼亚大学心理学系的异类，直到今天，我一直能看到纯粹的科学家对应用的轻视。但直到 1998 年我成为美国心理协会主席，我才发现应用者对科学有多么怀疑。我以史上最高票数当选美国心理协会主席，我把这一压倒性的胜利归因于我的工作正好介于科学和应用之间，因此吸引了许多科学家和临床医生。我所做的标志性工作是帮助 1995 年的《消费者报告》（*Consumer Reports*）研究心理治疗的有效性。《消费者报告》利用复杂的统计工具，在一项大规模的调查中发现，心理治疗的效果一般都很好，但令人惊讶的是，其益处并非某种疗法特有。那些用各种疗法治疗各种心理疾病的应用心理学者很喜欢这个结果。

当我到华盛顿主持美国心理协会时，发现应用领域的领导者们对我的看法，与纯粹的科学家同事看待我的方式如出一辙：披着羊皮的狼。我作为主席的第一个倡议是循证心理治疗，结果它根本没能起步。时任国家精神卫生研究所所长的史蒂夫·海曼（Steve Hyman）告诉我，他可以筹到约 4000 万美元来支持这项计划。我非常高兴，会见了专业实践促进委员会（Committee for the Advancement of Professional Practice），这是一个心理学独立从业人员的最高委员会，牢牢控制着美国心理协会主席的选举（除了我这次）。我向 20 位意见领袖组成的小组概述了我的倡议，并谈到了将治疗建立在科学证据基础上的优点。听着听着，他们的脸色越来越不好看，其中最有威望的老前辈斯坦·莫尔道斯基（Stan Moldawsky）直接终结了我的倡议，他说："如果科学证据对我们不利，怎么办呢？"

后来，斯坦的盟友之一罗恩·勒万特（Ron Levant）边喝酒边告诉我，"马丁，你麻烦大了。"事实上，正是在这次撞得头破血流的碰壁中，积极心理学诞生了——在心理学独立实践者看来，它没有循证治疗那么危险。

正是由于应用和科学之间的这种紧张关系，2005 年，我欣然同意执掌宾夕法尼亚大学的积极心理学中心，并创建了一个新学位，即应用积极心理学硕士（Master of Applied Positive Psychology, MAPP），它将尖端学术与知识应用结合起来，以现实世界为使命。

教授福祉：MAPP 魔力

第四章

我来到一个十字路口，

只为寻求短暂的庇护。

但当我放下行囊，踢掉鞋子，

发现这个十字路口不同于其他所有路口。

这里的空气有着诱人的温暖，

万物都充满了活力。

当我向这里的旅客做自我介绍时，

没有感到犹豫和气馁，

反而感受到了他们的真诚和乐观。

在他们的眼里，我看到了一些难以描述的东西，

感觉就像自己的家。

在这里，我们一起分享、鼓励，

欢欣于丰盛的生活……

———《十字路口》，德里克·卡彭特（Derrick Carpenter）

我想发起一场世界教育的革命。所有年轻人都需要学习职场技能，这已经成为近 200 年来教育体系的主题。此外，我们现在可以获得福祉的技能——如何有更多的积极情绪、更多的意义、更好的关系和更积极的成就。

各级学校都应该教授这些技能，接下来的五章将围绕着这个想法展开。本章主要阐述研究生层次的应用积极心理学教育，以及谁可以教福祉课。第五章主要讲如何在学校里教福祉课。第六章主要讲一种新的智能理论。第七章和第八章是关于在军队里教授福祉的课程。所有目标都是让下一代的年轻人的人生丰盛蓬勃，茁壮成长。

尽管我在小学、高中和大学都曾教过书，但在我的所有经历中，最不寻常的教学经历就是近 10 年。这不仅仅是我个人的感觉，世界各地教授积极心理学的人都在相互传播着类似的精彩故事。我想通过叙述这些故事，弄清楚为什么它们如此非同凡响，以及常规教学为什么这么容易失败。接下来，我将为大家介绍应用积极心理学硕士课程，并揭示是什么让它具有"魔力"。其实，魔力的来源包括：第一，内容具有挑战性，信息量大且令人振奋；第二，积极心理学能让个人的生活和职业发生很大变革；第三，积极心理学是一种天职的召唤。

MAPP 的开端

2005 年 2 月，虽然有些迟疑，宾夕法尼亚大学还是正式批准了应用积极心理学硕士这一新的学位。考生申请的截止日期定在 2005 年 3 月 30 日，我们想招的不是刚从本科毕业的年轻人，也不是心理学家，而是已经在现实世界取得成功并希望将积极心理学应用于自己职业的成熟人士。他们需要展示优秀的学历背景。我们以培训课程的形式进行教学，每年学习 9 个长周末，外加一个毕业设计项目。费用非常昂贵：仅学费就超过 4 万美元，还要加上酒店住宿、食物和机票等开支。

我们发动了一场"政变"，从范德堡大学（Vanderbilt University）挖来一位杰出的宗教、哲学和心理学教师——詹姆斯·帕维尔斯基（James Pawelski）博士。他又招募了刚刚在那里完成工商管理硕士学位的黛比·斯威克（Debbie Swick），一起主管 MAPP 计划。黛比、詹姆斯和我乐观地认为，只要一个月的准备时间，我们就能招到 11 个学生参加第一期 MAPP。院长们不止一次提醒我们，想要达到财务平衡，至少要招到 11 名学生。

令人惊讶的是，在几乎没有广告的情况下，短短一个月内居然来了 120 多个申请人，比我们的预期多了 5 倍。其中约 60 人达到了宾夕法尼亚大学的常春藤联盟大学极高的录取标准。我们录取了 36 人，其中 35 人接受了录取。

9 月 8 日早上 8 点，这 35 个人聚集在休斯顿大厅的本杰明·富兰克林室内。这组学生中包括：

- 汤姆·拉斯（Tom Rath），畅销书作家，盖洛普公司高级管理人员；

- 肖娜·米切尔（Shawna Mitchell），坦桑尼亚金融研究人员，真人秀电视剧《幸存者》的决赛选手；

- 安格斯·斯金纳（Angus Skinner），苏格兰社会服务部门总监，每月从爱丁堡过来；

- 雅科夫·斯米诺夫（Yakov Smirnoff），著名喜剧演员、艺术家，刚在百老汇演完独角剧；

- 塞尼亚·梅敏，活泼的哈佛大学数学系毕业生，管理着自己的对冲基金（本书第一章讲过她）；

- 彼得·米尼奇（Peter Minich），加拿大神经外科医生、博士；

- 胡安·亨伯托·杨（Juan Humberto Young），一家成功的财务顾问公司的负责人，每月从瑞士苏黎世过来。

应用积极心理学的构成要素

▷ 具有智力挑战性的实用内容

为了教这些学生，我们组织了来自世界各地的积极心理学顶尖教师。他们和学生们一样，完成自己的本职工作之余，每个月来费城参加这场学术盛宴。第一次上课的"沉浸周"选在 9 月，为期 5 天，主要介绍积极心理学的学科内容，主讲是芭芭拉·弗雷德里克森（Barbara Fredrickson）。她是积极心理学的实验天才，也是邓普顿积极心理学研究奖（价值 10 万美元）的第一位得主。积极心理学的内容是形成 MAPP 魔力的第一个要素。

芭芭拉首先详细阐述了她的积极情绪"拓宽和建构"理论。消极的、救火式的情绪能识别、隔离和对抗外部刺激，而积极情绪则可以拓宽和建构持久的心理资源，供我们在未来的人生中使用。所以，当我们全神贯注地与最好的朋友交谈时，我们也在发展未来可以用到的社交技能。当孩子愉快地疯跑玩闹时，正在建立运动协调机制，有助于他在学校的体育运动。积极情绪不仅仅是指我们感到愉悦，它还像五彩缤纷的霓虹灯，表明我们正在成长，心理资本正在积累。

"这是我们的最新发现，"芭芭拉向投入其中的 35 名学生和 5 名教师解释说，"我们走进了 60 家公司，其中 1/3 经济繁荣，1/3 经营良好，剩下的 1/3 濒临倒闭。我们将这些公司商务会议上说的每一句话都记录下来，将每个句子中的词汇编码为积极的或消极的，然后算出积极和消极的比例。"

"我们发现了一条明显的分界线，"芭芭拉继续说，"积极与消极比例高于 2.9：1 的公司都很丰盛蓬勃。低于这一比例的公司在经济上表现不佳。我们称之为'洛萨达比例'，是以我的巴西同事马赛尔·洛萨达（Marcel Losada）的名字命名的，他发现了这个事实。"

"但也不要过于积极。人生就像一艘船，积极情绪是帆，消极情绪则是舵。比例高于 13：1，就像一艘只有帆没有舵的船，漫无目的地四处漂流，失去了根基。"

"等一下。"戴夫·希隆（Dave Shearon）平静地用他那田纳西口音表示反对。戴夫是新来的学生之一，他是一名律师，负责田纳西州律师协会的教育项目。"我们律师整天吵架。我敢打赌，我们的这一比例很消极，可能是 1：3。这就是诉讼业的本质。难道我们应该整天甜言蜜语吗？"

　　"消极的洛萨达比例也许会成就一名高效的律师，"芭芭拉反驳道，"但这可能会带来巨大的个人成本。律师是抑郁症、自杀和离婚率最高的职业。如果你的同事把职场中的消极情绪带回家，那就麻烦大了。约翰·戈特曼（John Gottman）用同样的方法统计了情侣在一个周末内的谈话，得出了同样的统计数据。低于 2.9∶1 的比例意味着你们要离婚。5∶1 的比例能预测一段稳定而充满爱的婚姻，每一次对配偶的批评，都需要 5 次积极的表达才能平衡。如果一对夫妇的洛萨达比例长期保持在 1∶3，那绝对是一种灾难。"

　　另一个学生后来向我坦言："虽然芭芭拉说的是工作团队，但我只会立即想到家里的'团队'：我的家人。她讲课的时候，我几乎快要哭了，因为我突然意识到我和大儿子交流时的比例大约是 1∶1。我们已经进入了这样的相处模式，我总把注意力集中在他没有做对的事情，而不是对的事情上。芭芭拉说话的时候，我脑子里像是在放电影，在电影里面，我与 16 岁的儿子的交流比例至少是 5∶1，享受着轻松、互爱的关系。而现实生活中，我们每天的交流都很紧张。我真的想抓起我的书马上开车回家，因为芭芭拉启发了我，给了我另一种处理方式。我设想开始谈话的时候要保持真诚的赞扬和轻松愉快的心情，然后再谈学校的功课、开车太快或是其他需要批评的事情。我想马上回家试试。"

　　后来，我问这个学生结果如何，她回答说："他现在 20 岁了，我们的关系比以往任何时候都要好。积极的洛萨达比例彻底扭转了局面。"

　　被课程改变了人生的，不仅是这些学生。

　　"爸爸！爸爸！你能开车送我去亚历克西斯家吗？这很重要。拜托了！求你啦！"我 14 岁的女儿妮可恳求道。我在《真实的幸福》一书中写过我们之间的一次重要交流，当时她刚满 5 岁，在花园里和我一起锄草。她批评我对她大吼大叫，要她认真干活。她解释说，她曾经是个爱哭闹的孩子，但在 5 岁生日那天，她下定决心，要改变自己的生活方式。"那是我做过的最难的事，"她自豪地说，"如果我可以不再哭闹，你也别再抱怨了。"

积极心理学诞生于妮可的指责。我这才发现，在过去的 50 年里，我的确喜欢抱怨。在育儿的时候，我的方式一直都是试图纠正孩子的缺点，而不是培养优点。而我刚刚当选为领袖的心理学专业，几乎完全是为了消除不利条件服务，而不是为人生的丰盛创造有利条件。

话虽如此，在一个周五，我一整天都在绞尽脑汁地思考芭芭拉·弗雷德里克森在 MAPP 课程中介绍的一个新理论。她的关于最低积极比例诱导人生丰盛的观点在我脑中挥之不去，和家人共进晚餐时我还在反复琢磨。

晚上 11 点 15 分，我喊道："妮可，都快午夜了。你没看见我在工作吗？去做作业，要么就去睡觉！"我看到妮可的眼中浮现出那种神色，就像多年前我在花园里看到的那样。

"爸爸，你的洛萨达比例糟透了。"她说。

所以，MAPP 魔力的第一个要素就是积极心理学本身的内容。它在智力上具有挑战性，就像大多数学术科目一样；但与大多数科目不同的是，它对个人也很有用，既很有趣，也可能改变一个人的人生。我教了 25 年有关抑郁和自杀的课程，这让我很沮丧。如果你认真对待这些内容，教它和学它都会让你自己的情绪变差，你会在恐惧中度过很多时间。与之相反，学习积极心理学很有趣——不仅有学习乐趣，还有学习令人快乐的内容所带来的乐趣。

谈到乐趣，MAPP 重新发现了"课间活动"的重要性。我所说的课间活动是指会让那些严苛的院长感到难堪的运动。"基本的休息和活动周期"（Basic Rest and Activity Cycle, BRAC）是人类和其他昼行性（白天清醒）动物的特征。一般来说，我们在上午 10 点左右和晚上八九点最为警觉。下午两三点和凌晨则是大部分人的周期低谷，我们会感到疲倦、暴躁、注意力不集中、悲观。这种周期循环非常具有生物性，以至于低谷期时，死亡率高得异乎寻常。在 MAPP 中，BRAC 的低谷尤为严重，因为我们的课程安排得很紧张，每月一次，一次连上 3 天，每天 9 小时。有些学生需要经过艰苦的长时间飞行，从遥远的吉隆坡、伦敦或首尔过来（我们的一个学生去年创造了新西兰航空公司的里程纪录，而前年，另一个学生创造了澳航的里程纪录）。

因此，当我们处于 BRAC 的低谷时，可以开始做体育运动。积极心理学目前仍然处于初级阶段，参与者主要是一群靠脑力吃饭的中老年人。然而，至少有一半的积极心理学发生在颈部以下，所以，我们要保证每年都有几个学生是运动行家：瑜伽教练、舞蹈治疗师、体育教练、马拉松运动员和铁人三项运动员。每天下午 3 点，都有一位运动专家领着我们跳舞、剧烈运动、冥想或快步走。一开始，那些脑力爱好者都红着脸躲了出去，但当他们目睹了运动使疲劳消失，智力水平瞬间回归后，都成了狂热的参与者。我认为，应该在教室里大力推广"课间活动"。不仅仅是幼儿园的孩子需要它，年龄越大的人，课间活动对学习和教学的帮助也越大。

▷ 个人和职业转型

MAPP 魔力的第一个要素是具有挑战性、个人适用性和趣味性的内容，第二个要素则是 MAPP 能促进个人和职业的变革。

从积极心理学对教练的影响可以看出这一点。在美国，现在有 5 万多名职业教练，包括人生教练、行政教练和私人教练。我担心辅导教练界已经失控了。大约 20% 的 MAPP 学生是教练，我们的目标之一是引导和转变教练行业。

教练是一种实践工作，需要寻找其支柱。事实上，这一行业有两大支柱：一是科学的、基于实证的支柱；二是理论的支柱。这两个积极心理学都能提供。积极心理学可以为教练提供行业界限、有效的干预措施和测量方法，以及成为教练的资格。

我告诉我们的研究生，教练这一行业的现状是没有界限，什么都能辅导，包括如何整理衣柜，如何把照片粘贴到剪贴簿上，如何要求加薪，如何成为一个更加自信的领导者，如何激励排球队员，如何在工作中体验更多的心流，如何战胜悲观的思想，如何在生活中有更多的目标等，不一而足。它使用的技巧也几乎毫无限制：肯定、形象化、按摩、瑜伽、自信训练、纠正认知扭曲、芳香疗法、风水、冥想、寻找好事等。这一行业没有准入门槛，宣称自己是教练，不需要任何监管，所以特别急迫地需要科学和理论上的支柱。

要促成教练行业的转变，首先需要理论，其次是科学，最后是应用。

首先，需要理论。积极心理学研究的是积极情绪、投入、意义、积极成就和良好关系。它试图衡量、分类并构建生活的这五个方面。你可以将执业范围限定在这五个方面，使其与临床心理学、精神病学、社会工作、婚姻家庭咨询等相关专业区分开来，为这个混乱的行业恢复秩序。

其次，需要科学。积极心理学根植于有效的科学证据。它使用经过验证的测量、实验、纵向研究和随机分配、安慰剂对照组研究等方法来评估哪些干预措施确实有效，哪些则是无效的。它抛弃了无法通过黄金法则验证的方式，将其认定为无效，并进一步打磨那些通过检验的方法。通过这些基于证据的干预措施、经过验证的福祉指标，可以为负责任的教练行业设定一个界限。

最后，我们在 MAPP 的工作将有助于建立培训和认证的指导方针。你并不是必须获得一张心理学执照，才能实践积极心理学或者当教练。弗洛伊德的追随者犯了一个重大错误，把精神分析限制在医生的范畴，而积极心理学并不打算建立另一个故步自封的协会。如果你在指导技巧、积极心理学理论、积极状态及特征的有效测量、有效的干预措施等方面受过充分的训练，并且知道什么时候应该把来访者转介给受过更专业的训练的人，那么，依我看，你就可以成为积极心理学的真正传播者。

蜕变

卡罗琳·亚当斯·米勒（Caroline Adams Miller）也许是第一届 MAPP 班里最引人注目的成员，她身高 1.83 米，肌肉发达，勇敢强壮。她同意我的看法。"我是个职业教练，马丁，我为自己是个教练而自豪。然而，讨厌的是，我们总得不到重用。在一些专业会议上，别人根本看不起我们。我正在努力为教练行业带来更多的荣誉，而你给了我需要的弹药。"

卡罗琳实现了她的目标。在获得 MAPP 学位后的几年里，她为教练界填补了一项重要的空白。MAPP 向她介绍了目标设定理论，她在从前的教练培训项目中从未听说这种理论。在毕业设计项目中，她将目标设定理论与幸福感研究、教练技巧联系起来。随后，她出版了《创造最好的人生：终极生活清单指南》(*Creating Your Best Life: The Ultimate Life List Guide*)，面向教练和普通公众，以研究为基础，讨论目标设定，这是第一本关于此类的自助书籍。现在，她的演讲总是座无虚席，书也受到了世界各地的学习小组的推崇。

关于她的职业转变，卡罗琳说："MAPP 把我的工作变成了一种使命，让我有能力帮助别人追求有意义的目标，了解他们在自己日常幸福中的角色。我觉得自己正在以前所未有的方式做出巨大的改变，每天早上醒来，我都觉得自己是世界上最幸运的职业人士。"

戴维·库珀里德（David Cooperrider）是《欣赏式探询》(*Appreciative Inquiry*)的作者，也是 MAPP 中最受喜爱的老师之一。他的故事进一步解释了积极心理学能在职业上带来怎样的蜕变。

"作为个体，我们什么时候会改变？组织什么时候会改变呢？"戴维问全班同学。

一名学生站起来回答："当我们碰壁，事情严重出错时，我们就会改变。别人无情的批评也能促使我们改变。"

"这正是我想听的，盖尔，"戴维说，"几乎所有人都是这样看待改变的：灵魂到了至暗时刻就会发生变化。正是由于这个原因，许多公司使用'360 度考核法'，让其他所有同事提出你最糟糕时的表现，然后再把这些 360 度的批评拿给你看。他们认为，当你被无数批评淹没时，就会改变自己。"

"欣赏式探询的观点与之恰恰相反。无情的批评常常让我们为了保护自己而固执己见，或者更糟的是，让我们感到无助，我们不会因此改变。然而，当我们看到自己最好的一面，以及看到利用自己优势的具体方法时，反而会开始改变。我进入一些大型企业，让所有员工集中精力关注做得好的方面，请他们详细介绍公司的优势，并尽最大努力夸赞他们的同事。密歇根大学的积极组织研究中心甚至开发出了'积极 360 度考核法'。

"了解自己做得好的事情，是改变的基础。这与洛萨达比例有关。只有拥有安全感之后，我们才能不抗拒批评，创造性地采取行动。"

这对米歇尔·麦奎德（Michelle McQuaid）来说是一个革命性的见解，她来自墨尔本，是普华永道会计师事务所首席执行官的得力助手。她问普华永道的首席执行官："为什么普华永道不能遵循积极心理学和欣赏式探询原则呢？"于是，米歇尔和鲍比·道曼（Bobby Dauman，她的 MAPP 同班同学，做了多年世界顶级路虎汽车销售员，这一年成了销售经理）增加了一天MAPP 课程，并主持了一个有很多人参加的会议，讨论主题是"积极的企业有什么好处"。他们的会议围绕着这样一个理念：如今的经济侧重点已经是生活满意度，而不只是金钱，因此，一个企业要走向丰盛，就必须培养关系，创造意义。为此，他们举办了工作坊，讲授如何创造更好的洛萨达比例，如何利用感恩和主动的建设性回应，如何创造心流、希望和目标设定的机会，以及将工作转化为使命。由于受到热烈欢迎，他们于 2009 年 12 月在墨尔本举行了另一次会议，这次会议由普华永道赞助。

学习积极心理学能使职业发生转变。以下是爱伦·科恩（Aren Cohen）写给我的有关个人转变的文章。

2006—2007 年学习积极心理学的时候，我还是一个单身女孩。教授们引用有关婚姻好处的研究时，我常常感到沮丧。已婚的成年人，尤其是那些婚姻稳定的人，往往比单身者更健康，寿命也更长。马丁解释说，婚姻能给我们三种爱：被关怀的爱、关怀别人的爱以及浪漫的爱。

不需要更有说服力了——这就是我想要的。但作为教室里少数年过 30 的单身女性，我不得不问自己：怎么才能结婚呢？怎么才能拥有这一切情绪和身体上的好处？

当然，我并没有那么老谋深算，但我是一个经验丰富的 34 岁的纽约人，看了太多遍《欲望都市》电视剧，我开始怀疑自己是不是终将独身了。这些年来有很多很多的约会，但不知何故，就是没有成功。因此，在学习了 MAPP 中的积极干预方法之后，我决定将我的积极心理学知识付诸实践，令人惊讶的是，安德烈——我现在的丈夫，恰好就在这个恰当的时刻出现在了我的生活中。

我是如何改变生活，使之成为"恰当的时刻"的？首先，多亏了我从 MAPP 项目中学到的东西，我变得更幸福了，与我自己的精神世界更契合，也更愿意发现感恩的理由。我写了一本感恩日记，开始对未来使用目标设定法，想象自己想要的东西。我列下了自己的清单，从"我会找到一个什么样的男人"开始，再到"我的他将会是……"，我想也许不同的语言表达方式会对我的个人前景和追求更友好。而且，我不再看《欲望都市》了。

我使用了可视化技术，包括冥想和拼贴。我的拼贴中包括文字和图像，勾勒出我想要的生活。最后，我选择了我最喜欢的情歌，詹姆斯·泰勒（James Taylor）版的《被你爱着多么甜蜜》。在我遇见丈夫之前的三个月里，每天晚上睡前，我都虔诚地听着，仿佛将爱情小夜曲带入了我的生命。我的拼贴上也写着"多么甜蜜"，就在"蜜月套间"的正上方。

这些都是我为了获得浪漫爱情而做的改变。今天是我们结婚一周年纪念日，我现在生活中最大的变化是什么？嗯，有好几件呢。我妥协得更多，拥抱得更多，也笑得更多了。我更经常地说和听到"我爱你"了。我有一个新的昵称。最重要的是，我有一个可以信任的、我爱他他也爱我的丈夫。

还有一个改变：现在的我会经常做饭！准备一顿充满爱的家常菜，是最能给我带来积极情绪的事情。我们尽可能多地在一起练习积极心理学，其中一部分就是一起在家吃晚饭。按照积极心理学的传统，我们总会用某种方式来感恩，从而记得我们有那么多东西值得感激——尤其是感恩彼此。

MAPP 除了有挑战性、实用性和乐趣，还能带来个人和职业上的蜕变。最后还有一个要素，MAPP 的学生往往是受到某种冥冥之中的召唤而来的。

积极心理学的召唤

不是我选择了积极心理学，而是它召唤了我。这是我从一开始就想要的，但与这种召唤有点关联的只有实验心理学和临床心理学。我不得不用"召唤"这种有点神秘的说法来形容这件事。"天职"（vocation）是一个古老的词语，指被召唤去行动，而不是自己选择了行动——这是真实存在的。积极心理学对我的召唤就像燃烧的荆棘对摩西的召唤。[1]

社会学家会区分工作（job）、职业（career）和召唤（calling）。工作是为了挣钱，如果没有钱，你就不会再工作了。追求职业是为了晋升，当晋升中断、终结，你要么会辞职，要么会失去方向、虚度光阴。而召唤完全是为了自己，不管有没有工资，有没有晋升渠道，你都会这样做。"没有什么可以阻止我！"如果受到阻挠，你会从心中发出呐喊。

每次上课，我都会举办一场选修的"电影之夜"活动，提供爆米花、葡萄酒和比萨，地板上还放着几个枕头。与只有语言文字、没有背景音乐和画面的课程相比，电影更能传达积极心理。我总会以《土拨鼠之日》（Groundhog Day）作为开场，这部电影我都看过 5 遍了，但仍然会惊叹不已——它真的能促进积极的个人蜕变。我也放过《穿普拉达的女王》（The Devil Wears

---

1 在《圣经》中，神在燃烧的荆棘中显现，召唤摩西。——译者注

Prada），这是一部关于正直的电影——正直的是梅丽尔·斯特里普（Meryl Streep）所饰演的魔鬼上司，而不是安妮·海瑟薇（Anne Hathaway）所饰演的那个"胖女孩"。还有《肖申克的救赎》（*The Shawshank Redemption*），得到救赎的不是被诬陷的银行家安迪·杜弗雷恩（Andy Dufresne），而是叙述者瑞德（Red）。《烈火战车》（*Chariots of Fire*）体现了求胜的三种动机：埃里克·利德尔（Eric Liddell）为了上帝而跑；安德鲁·林利爵士（Lord Andrew Linley）为了美丽而跑；哈罗德·亚伯拉罕（Harold Abraham）为了自己和部落而跑。《星期天与乔治在公园》（*Sunday in the Park with George*）我已经看过 25 遍了，看到第一幕的最后一个卓越的镜头时，仍然会感动流泪，艺术、儿童、巴黎，以及人生中的永恒和短暂，都蕴含其中。

去年我放的最后一部电影是《梦幻之地》（*Field of Dreams*），这是一部天才的作品，甚至比 W. P. 金塞拉（W. P. Kinsella）令人难忘的原著《无鞋乔》（*Shoeless Joe*）还要好。我第一次看这部电影的情境有点奇怪，但又很感人。1989 年冬天的一个雨夜，我回到家里，发现门口台阶上坐着一位衣衫褴褛、疲惫不堪的心理学家。他用非常不流利的英语介绍自己来自莫斯科，名叫瓦迪姆·罗滕伯格（Vadim Rotenberg）。他解释说自己刚刚逃离苏联，而我是他在美国唯一的熟人。所谓"熟人"，就是因为我曾给他写信，请他将他关于动物猝死的精彩研究的副本寄给我，然后他邀请我于 1979 年在阿塞拜疆的巴库发表演讲——但由于当时冷战突然升温，根据美国国务院的建议，我被迫临时取消了这次行程。

他上气不接下气地描述了惊险的逃脱之旅，也讲述了他的过去：他是唯一一个在勃列日涅夫领导下拥有自己实验室的犹太人，因为政治局认为他在习得性无助和猝死方面的研究具有重要的军事意义。1982 年，勃列日涅夫去世，罗滕伯格的地位一落千丈。与此同时，反犹太主义再次抬头，局势十分糟糕。

与他接触的不自在感超过了和其他陌生人相处，所以我带他去看电影。

当时，《梦幻之地》碰巧正在上映。我们沉浸在剧情中，看到艾奥瓦州的玉米地里建起了棒球场，芝加哥棒球队从玉米地里走出来，而波士顿芬威公园的记分牌上闪烁着"月光格雷厄姆"（Moonlight Graham）。[1] 当雷·金塞拉（Ray Kinsella）死去已久的父亲问他想不想接球时，罗滕伯格向我侧过身来，流着泪用不标准的英语低声说："这部电影的主题不是棒球！"

这部电影的主题确实不是棒球，它讲的是天职，讲的是被召唤，讲的是在一无所有的地方建立某种东西。"你建好了，他就会来。"在院长、心理学系教授和理事们的一致反对下，费城贫瘠的玉米地里建起了 MAPP 项目。（"这是天堂吗？"无鞋乔问道。"不，这是艾奥瓦州。"雷·金塞拉回答。）那么，有谁来了？

"你们有多少人是受到召唤而来的？"我小心翼翼地问。每个人都举起了手。

"为了来这里学习，我卖了我的奔驰车。"

"我就像《第三类接触》（*Close Encounters of the Third Kind*）的主角一样，建造着一座我反复梦见的塔。然后我看到了 MAPP 的广告，现在的我就身在这座塔上。"

"我丢下了我的诊所和病人。"

"我很讨厌坐飞机，但我愿意坐上该死的飞机，从新西兰到这里往返 60 个小时——每个月来回一趟。"

MAPP 充满了神奇的魔力。在 45 年的教学经历中，我从未见到过这种魔力。以下是其要素的总结：

---

1 《梦幻之地》的主角是艾奥瓦州的农民雷·金塞拉，拥有棒球梦想但无法实现。有一天他听到神秘声音说："你建好了，他就会来。"于是他像着了魔一样铲平了自己的玉米田，建造了一个棒球场，没想到他去世多年的棒球偶像的鬼魂（无鞋乔、月光格雷厄姆等）真的来到那里打球。而他跟父亲之间好多年的心结也因此得以解开。——译者注

· 学术内容：挑战性、个人适用性和趣味性。

· 蜕变：个人和职业两方面。

· 召唤：学生和教师都被召唤。

　　这些要素意味着对所有年龄段的学生进行积极教育的可操作性。在接下来的章节中，要描述的正是这一广阔的视野。

积极教育：教年轻人获得福祉

第五章

先来做个小测验。

问题一：你最希望你的孩子拥有什么？用一两个词来回答。

我调查过成千上万对父母，一般的回答都是"幸福""自信""知足""自我实现""平衡""美好""善良""健康""满足""爱""文明""有意义"等。简而言之，幸福是大部分人最想给孩子的东西。

问题二：学校教的是什么？用一两个词来回答。

如果你和其他家长一样，回答多半是"成绩""思维能力""成功""服从""语文""数学""工作""应试""纪律"等。简而言之，学校教的是成功的方法。

请注意，这两个清单之间几乎没有重叠。

一个多世纪以来，学校教育都是为成年以后的工作铺平道路。我完全支持成功、文化素养、毅力和纪律，但我希望你能想象一下，学校可以同时教你取得成功、获得福祉，二者并不冲突。我希望你能想象出一种积极教育的模式。

学校应该教福祉吗？

全世界年轻人群中，抑郁症的患病率高得惊人。据估计，现在的抑郁症数量是 50 年前的 10 倍。这并不是因为人们对抑郁症这种精神疾病有了更高的认识，而且大部分数据来自对成千上万个人的上门调查，调查内容包括"你曾经尝试过自杀吗？""你曾经连续两周每天哭泣吗？"等，并未直接提及"抑郁症"一词。如今，抑郁症折磨着青少年群体。50 年前，首次发病的平均年龄约为 30 岁。现在，首次发病的平均年龄还不到 15 岁。尽管人们对是否应该将抑郁症贴上可怕的流行病标签存在争议，但我们这些专业人士却都对抑郁症的高发、大部分抑郁症患者得不到治疗而感到万分沮丧。

这是一个悖论，尤其是如果你认为良好的福祉来自良好的环境的话。除非你被意识形态蒙蔽了双眼，否则一定能看到，在富裕国家里，几乎一切都比 50 年前好：美国人的实际购买力提高了 3 倍；普通住宅面积从 111 平方米左右增加到了 232 平方米左右，翻了一番；1950 年，平均每两个司机拥有一辆车，现在则汽车数量比有执照的司机还多；过去只有 20% 的孩子能接受高中以后的高等教育，现在则达到了 50%；衣服——甚至人本身，似乎都变得更好看了。而且，进步并不局限于物质：现在我们拥有更多的音乐，妇女权利增加了，种族歧视减少了，娱乐和书籍都变多了。当年我和父母、姐姐贝丝一起住在 111 平方米的房子里，如果你告诉他们 50 年后会变成现在这样，他们一定会说："那就是天堂。"

但现在并不是天堂。

如今，患有抑郁症的人越来越多，患者越来越年轻。近 50 年以来，人们一直在测量国民平均幸福感，但它远远赶不上客观世界进步的程度。即便幸福感有所上升，也只是发生在个别国家。丹麦、意大利和墨西哥的平均生活满意度比 50 年前有所提高，美国、日本和澳大利亚没什么变化，英国和德国有所降低，而俄罗斯则大幅下降。

为什么会这样？没人知道。当然不是由于生物或遗传原因——50 年来，我们的基因和染色体没有改变。也不是由于生态原因。兰开斯特市的"老派阿米什人"（Old order amish）住在离我差不多 48 公里远的地方，抑郁症患病率却只有费城的 10%，尽管我们呼吸同样的空气（是的，有废气排放），喝同样的水（是的，有氟化物），吃的食物也差不多（是的，有防腐剂）。这种现象与现代性有着千丝万缕的联系，也可能与我们错误地称之为"繁荣"的东西有关。

为什么学校应该教福祉？第一，当前的抑郁症泛滥；第二，过去两代人的幸福感提升有名无实；第三，教育的传统目标是学习，而幸福感的提升可以促进学习。积极情绪能产生更全面的注意力、更具创造性和更全面的思维。这与消极情绪形成鲜明对比，消极情绪会导致注意力狭窄、更具批判性和分析性的思维增加。当你心情不好的时候，你更擅长思考"这里出了什么问题"；当你心情好的时候，你更擅长思考"这里的优点是什么"。更糟糕的是，当你心情不好的时候，你会对自己的见解失去信心，选择服从他人的命令。在适当的情况下，积极和消极的思维方式都很重要，但学校往往过于强调批判性思维和循规蹈矩，忽视了创造性思维和学习新东西。结果是，对于孩子来说，上学的吸引力只比看牙医稍微强一点。我相信，如今的我们终于到达了新的时代，需要更多创造性思维，更少机械服从——是的，甚至可以说，更多的享受才会取得更大的成功。

我的结论是，如果可能的话，学校应该教福祉，因为它是降低抑郁症发病率的良药，提高生活满意度的方法，并且有助于更好地学习，培养更具创造性的思维方式。

▷ 宾夕法尼亚心理弹性项目：一种在学校教授福祉的方法

在凯伦·雷维奇（Karen Reivich）和简·吉勒姆（Jane Gillham）领导下，我的研究团队在过去的 20 年里，用严格的方法研究了是否可以在学校教授福祉。我们认为，与其他任何医疗干预一样，福祉计划必须以实证为基础，因此我们在学校里测试了两组不同的方案：宾夕法尼亚心理弹性项目（Penn Resiliency Program, PRP）和斯特拉斯·黑文积极心理学课程（Strath Haven

Positive Psychology Curriculum)。以下是我们的研究结果。

先介绍一下宾夕法尼亚心理弹性项目。它的主要目标是提高学生处理青春期常见问题的能力。PRP 通过教学生更现实、更灵活地思考他们遇到的问题来促进乐观态度。PRP 还会教学生果断、创造性头脑风暴、决策、放松和其他应对技能。PRP 是世界上得到最广泛研究的抑郁症预防项目。在过去的 20 年中，已经有 21 项研究评估了 PRP 的效果，其中一部分采用了随机对照设计。这些研究的对象总共包括了 3000 多名 8—22 岁的儿童和青少年。PRP 的研究有以下特点：

· 样本的多样性。宾夕法尼亚心理弹性项目的研究对象包括来自不同种族、民族、社区背景（城市、郊区和农村；白人、黑人和西班牙裔）及国家（例如美国、英国、澳大利亚、中国和葡萄牙）的青少年。

· 团体领导者的多样性，包括学校教师、咨询顾问、心理学家、社会工作者、军队士官以及教育学和心理学研究生。

· 独立的评估程序。我们对 PRP 进行了多项评估。此外，一些独立的研究小组也对 PRP 进行了评估，其中包括英国政府的一项大规模试验，涉及 100 名教师和 3000 名学生。

以下是一些基本的发现：

· 宾夕法尼亚心理弹性项目能减少和预防抑郁症的症状。一项"元分析"（Meta-analysis，指将整个科学文献中所有方法合理的同主题研究汇总，进行平均总结）研究发现，与对照组相比，PRP 在所有后续评估（包括项目完成后立即评估、项目结束 6 个月后评估以及项目结束 12 个月后评估）中都表现出显著的益处。这种影响至少持续 2 年。

· 宾夕法尼亚心理弹性项目能减少绝望。元分析发现 PRP 显著降低了绝望感，增加了乐观和福祉。

·宾夕法尼亚心理弹性项目可预防抑郁和焦虑发展到临床水平。在一些研究中，PRP 可以预防中度到重度的抑郁症状。例如，在第一个 PRP 研究中，在后续 2 年的随访中，中度到重度抑郁症状的发生率降低了一半。在医疗环境中，PRP 从一开始就能预防具有显著抑郁症状的青少年发展成抑郁症和焦虑症。

·宾夕法尼亚心理弹性项目可以减少和预防焦虑症。关于 PRP 对焦虑症状的影响的研究较少，但其中大多数研究都发现了显著而持久的影响。

·宾夕法尼亚心理弹性项目可以减少行为问题。关于 PRP 对青少年行为问题（如攻击、犯罪）影响的研究更少，但其中大多数研究发现 PRP 对青少年行为问题有显著影响。例如，最近的一个大型项目发现，在青少年完成该项目 3 年后，父母对青少年行为问题的报告指出，他们的行为有了显著的改善。

·宾夕法尼亚心理弹性项目适用于不同种族／民族背景的儿童。

·宾夕法尼亚心理弹性项目改善了与健康相关的行为，完成该项目的年轻人较少出现身体疾病症状，较少去医院就诊，饮食更健康，更常运动。

·团体领导者的培训和监督至关重要。PRP 的有效性在不同的研究中差异很大。至少在一定程度上，这与教师接受了多少培训和监督有关。如果教师是 PRP 小组成员，或是经过培训并由 PRP 小组密切监督，效果很好。如果教师接受的培训与监督很少，效果就没那么稳定和持久。

·项目实施的准确性至关重要。例如，一项在基层医疗机构进行的研究显示，在高度坚持该计划的人群中，抑郁症状显著减少。相比之下，对于依从性低的患者，PRP 并不能减轻他们的抑郁症状。因此，我们建议大力加强对 PRP 教师的培训和监督。

宾夕法尼亚心理弹性项目可以有效预防年轻人的抑郁、焦虑和行为问题。然而，心理弹性只是积极心理学的一个方面，即情绪方面。我们设计了一个更全面的课程，能够加强性格优势、关系和意义，提高积极情绪，减少消极情绪。在美国教育部给予的 280 万美元的资助下，我们对这门高中积极心理学课程进行了大规模的随机对照评估。在费城郊外的斯特拉斯·黑文高中，我们将 347 名九年级学生（14—15 岁）随机分到两个语言艺术班：一个班开设了积极心理学课程，另一个没有。在课程开始前、课程结束以及结束后 2 年多的跟踪调查中，学生、家长和老师都完成了标准的问卷调查。我们测试了学生的优势（例如热爱学习、善良）、社交技巧、行为问题和他们对学校的喜爱程度。此外，我们还记录了他们的成绩。

这个项目的主要目标是：（1）帮助学生了解自己的性格优势；（2）提高他们在日常生活中对这些优势的利用能力；（3）提升心理弹性、积极情绪、意义和目的以及积极的社会关系。课程在九年级开设，课程量为 20 多节，每节 80 分钟。课程内容包括讨论性格优势以及其他积极心理学的概念和技能。每周开展一次课堂活动和一次实践家庭作业，后者是让学生在自己的生活中应用这些技能，并写下反思日记。

以下是我们在课程中使用的两个练习示例：

三件好事练习

我们指导学生在一周内每天写下当天发生的三件好事。这三件事可以很小（"我今天在语言艺术课上回答了一个非常难的问题"），也可以很大（"我暗恋了几个月的男生今天约我出去"）。在每一件好事旁边都要写下这几个问题："为什么会发生这样的好事？""这对我意味着什么？""怎么能让这样的好事越来越多？"

用新的方式使用突出优势

世界上每一种文化都推崇 24 种性格优势，包括诚实、忠诚、毅力、创造力、善良、智慧、勇气、公平等。我们相信，如果能确定自己拥有哪些性格优势，然后在学校里、业余爱好中以及朋友和家人身上尽可能地利用这些优势，就能从生活中收获更多的满足感。

学生们要完成 VIA 测试（见 www.authentichappiness.org），并在接下来的一周内，以一种新的方式在学校使用自己最突出的优势。课程中有几节课的重点是确定自己、朋友和文学角色的性格优势，并利用这些优势来迎接挑战。

以下是斯特拉斯·黑文高中积极心理学项目的基本发现：

投入学习，享受学校生活，取得成绩

根据教师报告，积极心理学课程能增强学生的好奇心、对学习的热爱程度和创造力。这些教师并不知道学生是在积极心理学组还是在控制组，这就是所谓的"单盲"研究，评分者不知道被评分的学生的具体组别。该项目还增加了学生在学校的乐趣和投入度作为评价标准。这些效果在普通班（非优等班）尤其明显，积极心理学提高了这些学生的语言艺术成绩和写作能力，使他们达到了高二的水平。优等班的成绩本来就很高，几乎所有学生都能得到 A，所以提高的空间太小了。重要的是，提高福祉并没有破坏课堂学习的传统目标，反而加强了它。

社交技能和行为问题

根据学生母亲和盲评教师的报告，积极心理学项目能提高学生的社交技能（共情、合作、自信、自控）。根据学生母亲的报告，这个项目还减少了学生的不良行为。

所以我的结论是，学校应该且可以在教室里教福祉课。那么，有没有可能让整个学校都充满积极心理学？

吉朗文法学校项目

2005 年 1 月，我在澳大利亚巡回演讲，忽然接到一个陌生电话，电话那头传来澳大利亚口音："你好啊，哥们儿，我是你的学生，特伦特·巴里（Trent Barry）博士。"

"我的学生？"我觉得很奇怪，因为对这个名字毫无印象。

"是的，我听过那门为期六个月的电话直播课程——当时我每周凌晨 4 点起床听你的课，因为我住在墨尔本郊区。[1] 你的课太棒了，虽然我没发过言，但简直沉迷其中。

"我们想用直升机接你去吉朗文法学校（Geelong Grammar School）。我是校委会成员，我们正在为建设福祉中心筹款。希望你能来和我们的校友们谈谈，帮忙筹款。"

"鸡笼文法学校？"我问道。

"它叫吉朗文法学校，不是鸡笼，马丁。吉朗是澳大利亚最古老的寄宿学校之一，有 150 多年的历史。它有四个校区，包括林峰校区（Timbertop）——它在山上，所有九年级学生都得在那里待一年。在这个校区，洗热水澡都得自己砍柴生火烧水。英国查尔斯王子在这个校区待过，他唯一喜欢的学校就是这里。主校区叫科里奥（Corio），在墨尔本以南 80 公里处。我们一共有 1200 名学生和 200 名教师。我们学校非常阔绰。

"学校需要一个新的体育馆，但是校委会认为，我们想要的不仅是一座场馆，更是孩子们的福祉。我向他们介绍了你——塞利格曼教授，他们以前从来没听说过你，现在则希望你能来说服那些有钱的校友，福祉其实是可以在学校教的。我们可以开一门'福祉课'，让这座名为'福祉中心'的建筑名副其实。我们已经在短短半年内筹集了 1400 万美元，目前还需要 200 万美元。"

---

1 墨尔本与费城有 14 个小时时差。——译者注

于是，我和家人在墨尔本雅拉河中间一个摇摇晃晃的平台上登上了直升机。6 分钟后，我们降落在特伦特家前面的草坪上——他的家简直像一座宫殿。我的妻子曼迪在着陆时对我低声说："我有一种不可思议的感觉，我们的假期将在这里度过了。"

那天下午，我在一个有约 80 位老师参与的会上发言，大多数人都皱着眉头。我特别注意到，最保守的人是新上任的校长斯蒂芬·米克（Stephen Meek）。他身材高大，英俊潇洒，衣着讲究，谈吐优雅，声音和我一样低沉，是一个很典型的英国人，也是全场最强硬的一个。那天晚上，在斯蒂芬的介绍下，我向大约 50 位衣着光鲜的校友介绍了积极心理学，然后看到大家当场签支票，顺利达到了 1600 万美元的目标。我听说，这里面相当一部分来自海伦·汉德伯里（Helen Handbury），她是新闻大亨鲁珀特·默多克（Rupert Murdoch）的姐妹。临终前不久，海伦·汉德伯里说："不要再建体育馆了，我希望年轻人能获得福祉。"

回到费城一个星期后，斯蒂芬·米克打来电话，他说："马丁，我想派一个代表团去费城与你会面，讨论如何给全校上福祉课。"几周后，三位决策者（也是高级教师）——课程负责人黛比·克林格（Debbie Cling）、学生主任约翰·亨德利（John Hendry）和主校区校长查理·斯库达莫尔（Charlie Scudamore）来到宾夕法尼亚大学，进行为期一周的福祉"选购"。

"你会怎么做？"他们问凯伦·雷维奇和我，"如果你被全权委托并拥有无限的资源，你打算怎么给整个学校教授积极心理学？"

"首先，也是最重要的，"凯伦回答，"我会对所有老师进行整整两周的培训，内容是积极心理学的原则和练习。我们一直在对很多英国教师做这样的培训。首先要让老师们学会在自己的生活中运用这些技巧，然后再教给学生。"

"好的，然后呢？"查理问。

"然后，"凯伦接着说，"我会让一两位美国顶尖的积极心理学高中教师留在学校里，协助解决教师们在各个年级教授福祉时出现的问题。"

"好的，还有别的吗？"

"事实上，"我插了进来，开始口若悬河，"还可以邀请积极心理学的明星芭芭拉·弗雷德里克森、斯蒂芬·波斯特、罗伊·鲍迈斯特（Roy Baumeister）、戴安娜·泰斯（Diane Tice）、乔治·瓦利恩特、凯特·海斯（Kate Hays）、弗兰克·莫斯卡（Frank Mosca）、雷·福勒（Ray Fowler）——每个月邀请一位，为教师、学生和社区做系列演讲。然后让他们每个人在校园里住上几个星期，继续教学生和老师，为课程提出建议。"

"好的。"

"如果吉朗文法学校能负担得起这一切，我会和家人一起休假，住在学校里指导这个项目。什么都阻止不了我！"

事情居然真的就这样发生了。2008 年 1 月，我和凯伦以及宾夕法尼亚大学的 15 名培训师（大部分是 MAPP 毕业生）飞往澳大利亚，为吉朗文法学校的 100 名成员授课。在为期 9 天的课程中，我们首先教老师们在自己的生活中以个人和专业的方式运用这些技能，然后给出了可以教给孩子们的例子和详细的课程安排。在全体会议上，我们介绍了原理和技术，并将他们分成 30 人一组、2 人一组和其他小组，进行练习和应用。老师们给我们评出了极高的教学分数（满分 5 分，我们得到了 4.8 分）。为了参加培训，他们放弃了两个星期的暑假，也没有加班费。最具象征性的是校长斯蒂芬·米克的转变。

在第一天的开幕式上，校长硬邦邦、冷冰冰地发表了欢迎致辞，坦率地表达了他对整个项目的怀疑。斯蒂芬是一名牧师的儿子，自小受到的教育就是必须诚实。不过，当时我还不知道他的这一特点，因此在他致欢迎辞的时候，我都想马上收拾行装回家了。然而，到了第二天，斯蒂芬就开始投入了这个项目，用他自己的话说，"被这个项目打动了"。到了第九天，要结束的时候，他容光焕发，热情地拥抱我的团队（他们当然很值得拥抱，但是英国校长一般不会这么做）。他告诉吉朗文法学校的老师，这是本校历史上的第四件大事：第一件是 1910 年学校从吉朗城内搬到乡下的科里奥校区；第二件是 1955 年成立了林峰校区；第三件是 1978 年开始实行男女同校；第四件就是现在的"积极教育"。

培训结束后，我们有几个人在那里待了一年，此外还请了十几位访问学者前来，每个人都至少待了一周以上，在自己擅长的积极心理学领域指导老师们。下面就是我们设计的积极教育，在本质上可以分为"教学""嵌入"和"生活"三大板块。

▷ 积极教育之教学（独立课程）

有几个年级开设了独立的课程和单元，教授积极心理学的要素：心理弹性、感恩、优势、意义、心流、积极的关系和积极的情绪。

科里奥校区（高年级）高一的 200 名学生，每人每周都上两次积极教育课，由校区负责人讲授。学生们听了几次访问学者的讲座，这门课程的核心是发现和利用自己的突出优势。

第一堂课，做 VIA 测试之前，请学生们写下自己处于最佳状态的故事。得到测验结果后，请学生们重读自己写下的故事，寻找能体现自己突出优势的例子。几乎每个学生都找到了两个以上突出优势，大多数学生找到了三个。

其他突出优势的课程包括与家庭成员面谈，形成有关优势的"家谱"，学习如何利用优势战胜困难，以及开发一种不属于个人前五名的优势。

最后一堂课，学生们提名了他们认为是每个优势典范的学校领导。现在，教师和学生有了一种有关优势的全新共同语言，能够一起讨论各自的生活。

突出优势课程结束之后，高一的下一系列课程重点是如何培养更积极的情绪。学生们需要给父母写感谢信，学会品味美好的回忆，克服消极偏见，并通过善待他人获得满足感。现在，学校要求所有学生每天晚上写"好事日记"，记下每天发生的好事。

林峰校区建在维多利亚州曼斯菲尔德市附近的一座山上，整个九年级的

220 名学生都得在此过一整年艰苦的户外生活，最终每个人都要完成绕山马拉松跑。林峰校区的积极教育课程是独立的，特别强调心理弹性。首先，学生要学习 ABC 模型：导致感受（C）的并不是逆境（A）本身，而是关于逆境（A）的信念（B）。对于学生来说，这是一个重要的观点：情绪不是不可避免地来自外部事件，而是来自你对这些事件的看法。实际上，这些想法是可以改变的。然后学生要学习通过更灵活、更准确地思考，放慢 ABC 过程。最后，学生们学习"实时弹性"，以应对经常面临的"一时冲动导致行为过激"问题。

在心理弹性课程之后，林峰校区的下一系列课程会讨论与朋友交流时的主动建设性反应（ACR），以及让洛萨达比例达到 3∶1 的重要性。第一和第二单元课程都是由健康和体育老师教的，考虑到林峰校区的艰苦学习目标，这是一种自然的契合。

尽管这些独立课程教授了福祉的内容和技巧，但积极教育远不止这些简单的独立课程。

▷ 积极教育之嵌入

吉朗文法学校的老师将积极教育嵌入学术课程、运动场、生活辅导、音乐和教堂里。我举几个课堂的例子：

英语教师从突出优势和心理弹性的视角来讨论小说。尽管莎士比亚的《李尔王》是一本相当抑郁的书（我最近又苦读了一遍），但学生们还是认识到了主角的优势，以及这些优势既有好的一面又有坏的一面。在阿瑟·米勒（Arthur Miller）的《推销员之死》（*Death of a Salesman*）和弗兰兹·卡夫卡（Franz Kafka）的《变形记》（*Metamorphosis*）中，英语教师用心理弹性的概念来讲解人物的灾难性思维。

修辞学教师布置的演讲题目从"一件你做的蠢事"改为"你对别人有价值的时候"，学生准备这些演讲所花的时间更少，讲起来更热情，而听课的学生也不会那么坐立不安。

宗教教师让学生探索伦理与快乐的关系。关于快乐和利他主义的最新脑科学研究发现，快乐和利他主义具有被自然选择所青睐的特征，学生们据此讨论哲学家亚里士多德、杰里米·边沁和约翰·穆勒的思想。学生们从不同的角度（包括他们自己的视角）审视是什么赋予了人生目标。教师请学生和父母进行一次"意义对话"，写一系列电子邮件来讨论什么能让人生有意义，其中还要列出 60 条关于意义的名言。

通常而言，地理教师关注的往往是一些令人沮丧的因素：贫困、干旱、疟疾，但吉朗文法学校的地理教师却让学生也关注一个国家的福祉，以及从澳大利亚、伊朗到印度尼西亚的福祉标准有何差异。他们还研究了一个地区的自然地理（比如绿地）对福祉有何影响。

外语教师让学生探索日本、中国和法国民俗和文化中人物的性格优势。

小学教师每天从"发生了什么好事"开始教学，请学生们推选那些表现出了"本周优势"的同学。

音乐教师利用培养心理弹性的方法，促使学生从不顺利的表演中培养乐观情绪。各个年级的美术教师都负责教学生感受美好。

体育教练教的技巧是对表现不佳的队友"放下怨恨"。一些教练会用重新聚焦的技巧来提醒队员回忆队友所做的好事，这些教练报告说，能抛开消极偏见的学生表现得更好。

一位教练发明了一种方法，在每场比赛后做一次性格优势练习，向所有队员汇报情况。在汇报会上，学生们从性格优势的角度来回顾比赛的成功和挑战。在比赛中，队员们在自己、队友和教练身上都能找到表现出优势的例子。此外，学生还会反思"错失使用优势的机会"的问题，从而提高未来使用这些优势的主动性。

教堂也是一种积极教育的途径。牧师会反复引用《圣经》中关于勇气、宽恕、坚持和其他所有优势的段落，加强课堂讨论。例如，当高一的课堂主题是感恩时，牧师在小教堂的布道和《圣经》诵读也都是关于感恩的。

除了独立课程和将积极教育嵌入学校生活，学生和教师们还出乎意料地发现，自己就生活在积极教育之中。

▷ **积极教育之生活**

像吉朗文法学校所有 6 岁的孩子一样，凯文身穿校服，和同学们一起开始了新的一天。老师问全班同学："孩子们，昨晚发生了什么好事？"几个一年级的学生急于回答，他们分享了一些简短的好事，比如"昨晚吃了我最喜欢的意大利面"，"我和哥哥下跳棋，我赢了"。

凯文举起手来说："晚饭后我和姐姐打扫了院子，然后妈妈拥抱了我们。"

老师接着问："为什么分享好事很重要？"

他毫不犹豫地说："因为这让我感觉很好。"

"还有别的原因吗？"

"哦，是的，我妈妈每天回家都问我发生了什么好事，当我告诉她时，她很高兴。妈妈高兴的时候，大家都高兴。"

五年级的伊利斯刚从一家养老院回来，她和同学们在那里完成了他们的"面包学"项目。在这个项目中，电视明星厨师乔恩·阿什顿（Jon Ashton）和我们的一位访问学者，教了整个五年级的孩子如何做传统口味的面包。然后他们一起去了一家养老院，把面包分给了那里的老人。伊利斯这样解释这个项目：

"一开始，我们学习了营养学。然后学会了如何做一顿健康的饭，但我们自己没有吃，而是把食物送给了别人。"

"没有吃到自己花了这么多时间准备的食物，会感到不开心吗？面包闻起来真香啊。"

"不会啊，正好相反。"她说着，满脸笑容，"一开始我有点怕那些老人，但后来我觉得像是有一道微光照进了我的内心。我还想再做一次。"

伊利斯最好的朋友很快插嘴说："能为别人做点什么，感觉比什么电子游戏都好玩。"

凯文和伊利斯是吉朗文法学校"生活积极教育"中的两个案例。凯文每天上学都以"有什么好事"开始一天的课程，而回家后，他仍然生活在积极教育中。"有什么好事"没有取代任何课程，但由于这一活动，学生的每天都有了一个很好的开始。老师也有同感。

吉朗文法学校的积极教育是一项正在进行的工作，不是严格的对照实验。旁边的墨尔本文法学校没有自愿成为对照组，所以我只能讲述一些故事而已。但实施积极教育前后的变化是显而易见的，根本不需要统计学来验证。整个学校的人都不再愁眉不展了。2009 年，我又回到这所学校待了一个月，发现这所学校的士气比其他任何学校都要高。我都不想离开它了，不愿回到我自己的大学。这个学年结束时，200 名教员中，没有一人离职。此外，学校的升学率、学生申请率和资助金额都在增加。

积极教育可以在全球范围内传播福祉，但这是一种缓慢而渐进的方式，受到受过培训的教师数量和愿意接受积极教育的学校数量的限制。不过，积极的信息技术或许能另辟蹊径。

积极的信息技术

"我们有 5 亿用户，其中一半用户每天至少登录一次，有 1 亿用户会使用手机登录。"Facebook 异常帅气的研究主管马克·斯莱（Mark Slee）说。

我们的下巴都要掉下来了。这一幕发生于 2010 年 5 月宾夕法尼亚大学积极心理学中心召开的一场积极信息技术会议。与会者包括来自微软、麻省理工学院媒体实验室、斯坦福说服实验室的顶级研究人员，几位游戏视频设计师和 6 位积极心理学家。我们的主题是如何解决积极教育发展缓慢的问题，从而大规模传播丰盛生活。新的信息技术可能是关键所在。

这次会议的组织者是托马斯·桑德斯（Tomas Sanders），他来自惠普公司，是一位颇有远见的研究员。他为会议定下了基调："大规模丰盛发展的必要条件是积极心理学发展出一种传播模式，从而促进全球范围内的福祉提升，特别是在年轻人中。要帮助个人以一种有效、可扩展和具有道德责任感的方式实现丰盛蓬勃，而信息技术具有独特的优势。"托马斯接着定义了积极的信息技术：研究和发展信息和通信技术，使其能够有意识地支持人们的心理丰盛，尊重个人和社区对美好生活的不同看法。

我们花了很多时间讨论如何具体地使现有技术适应个人的丰盛蓬勃。情感计算领域的杰出研究者罗莎琳德·皮卡德（Rosalind Picard）提倡用计算机来建设更好的情感生活，提出了"个人丰盛助理"（Personal Flourishing Assistant, PFA）的想法。PFA 是一个手机应用软件，它可以用地图显示你在哪里，和谁在一起，以及你的情绪唤起水平，然后给你提供相应的信息和练习。例如，"上次在这里的时候，你的幸福感达到了最大值。拍一张日落的照片，然后把它发给贝基和卢修斯"。PFA 会给你的经历贴上标签，稍后可以搜索它，例如，"给我看上周的四个高峰时刻"，然后建立一个"积极档案"。

一次我们正在讨论，查克·安德森（Chuck Anderson）少将从我们的士兵全面健康项目（见本书第七章和第八章）过来了。"太神奇了，"他说，"我们在阿富汗的士兵，战斗结束后找我要的第一件东西不是汉堡包，而是 Wi-Fi。"乔治·凯西（George Casey）将军决定在军队中加强心理训练，因为心理健康和身体健康对军队同样重要。"但是我的士兵们每天都会被俯卧撑和慢跑提醒身体健康的重要性。我一直在思考，如何让他们觉得心理健康和身体健康一样重要。我想我可以把每个星期四早上设定为心理训练时间，让士兵们集体做积极心理练习。我的士兵们都能上网，他们都有手机，大多数人都有黑莓或 iPhone。听了你们的讨论，我认为军队可以做得更好。我们可以设计正确的心理弹性应用软件，甚至可以开发出合适的游戏来传播优势、社交技能和心理弹性。"

于是简·麦戈尼格尔（Jane McGonigal）发言了："我创造了一些严肃的游戏，这些游戏能构建人生中的积极面。"（去 www.avantgame.com 玩一个试试吧！）例如，在简的游戏《拯救世界》（*Save the World*）中，玩家可以尝试解决现实世界中的问题，如食物短缺和世界和平。她告诉我们："我们可以通过游戏来传授优势。学生们可以找到自己的突出优势，然后在游戏中解决问题，从而进一步加强这些优势。"

随着游戏领域的创新发展，Facebook 似乎成了测量丰盛程度的自然选择。Facebook 拥有大量受众，也有足够的技术能力，并且正在开发可以发展和测量全球范围内福祉的应用程序。我们能每天检测全世界的福祉指数吗？这正是一个开始：马克·斯莱每天都会统计 Facebook 上的裁员事件，并将这个数字与全球的裁员人数进行对比。果然，这两个数据的步调是一致的。你可能会想，这没什么奇怪的啊。

我们现在回想一下福祉的五个要素：积极情绪、投入、意义、积极关系和成就。每个元素都有一个相关词汇的词汇表。例如，英语中只有大约 80 个词来描述积极情绪（你可以在词库中找到一个单词，比如 joy，然后查找所有相关的单词，再计算所有相关单词的同义词，最后会循环回到 80 个核心单词上）。Facebook 数据库极为庞大，可以每天统计积极情绪词汇（以及代表意义、积极关系和成就的词汇），将其作为某个国家幸福的第一近似值，或作为一些重大事件的函数。

Facebook 和其他类似网站不仅能衡量福祉，还能提升福祉。马克·斯莱说："我们开发了一个新的应用程序：goals.com。在这个程序中，人们可以记录自己的目标以及朝着目标前进的过程。"

我对 Facebook 促进幸福感的可能性发表了评论："就目前的情况来看，Facebook 实际上可能正在构建福祉的四个要素：积极情绪、投入（分享各种美好事件的照片）、积极的关系以及成就。一切都是好的。然而，对于福祉的第五个要素，它们还有待提高。在 Facebook 这种自恋的环境下，有一项工作非常紧迫，那就是归属并服务于比自我更重要的东西——找到意义。Facebook 可以帮助 5 亿用户建立生活的意义。"

新的成功标准

我们创造那么多财富到底是为了什么？当然，正如大多数经济学家所说的那样，这不仅仅是为了创造更多的财富。在工业革命期间，国内生产总值（GDP）是衡量一个国家经济状况的一个相当好的标准。然而，现在 GDP 仅仅是衡量使用了多少商品和服务的指标，也就是说，哪怕我们新建一座监狱、离一次婚、发生车祸或自杀，GDP 都会上升。财富的目的不应该是盲目地创造更高的 GDP，而应该是创造更多的福祉。福祉，包括积极情绪、工作投入度、积极的人际关系和充满意义的生活，现在都是可以量化的，可以作为GDP 的补充指标。公共政策的目标可以是增加总体福祉，政策的成功或失败可以根据这一标准来评判。

人们往往将成功等同于财富。基于这种说法，富裕国家普遍认为，下一代的孩子们不可能超越父母辈了。只看钱的话，也许确实如此。然而，是不是每个父母都希望自己的孩子拥有更多的钱？我不这么认为。我相信父母对孩子的期望是比自己更幸福。以福祉为尺度，我们的孩子完全有希望比我们做得更好。

新时代已经到来，人们应该将人生丰盛作为教育和养育子女的目标。学习价值观、促进人生丰盛蓬勃，必须尽早开始，比如在学校教育的早期阶段就提上议程。当今世界应该选择的正是这种由积极教育所激发的新的繁荣与成功标准。成功的四个要素之一是积极的成就。下一章将探讨成就的基本要素，并提出一种有关成功和智能的新理论。

02

获得福祉的方法

勇气、性格与成就：一种新的智能理论

申请宾夕法尼亚大学心理学系的博士相当困难。每年，我们都会收到几百个申请，而录取指标只有 10 个左右。积极心理学这边每年会收到大约 30 个申请，但我们只录取 1 个。录取者一般都具备这些条件：美国或欧洲名校的心理学专业毕业；学分接近完美；GRE 考试每部分成绩均超过 700 分；三封专家推荐信，每一封都说该申请者"非常杰出，是多年来最优秀的学生"。招生委员会非常传统，甚至有些过于呆板（我从未进入招生委员会），以至于拒绝了一些极为优秀的申请者。

我想到的是第一个赢得扑克大赛冠军的女性。她在申请书中说，她自己攒了很多钱，乘飞机去了拉斯维加斯，参加世界锦标赛并获得了冠军。宾夕法尼亚大学校长谢尔登·哈克尼（Sheldon Hackney）和我都认为应该录取她，因为她不仅有潜力，而且确实表现出了世界级的水平——但我们的看法无济于事。招生委员会说她的 GRE 成绩不够高。不过，我仍然很感谢她，因为她在面试时花了一部分时间纠正我的扑克技术，从而为我在未来 10 年里节省了数千美元。她说："勇气是玩高赌注扑克的关键。你必须把白色筹码单纯地看成一个白色的筹码，不管它值 5 美分还是 1000 美元。"

成功与智能

申请截止日期是 1 月 1 日，经过一系列紧张的个人面试，录取名单将在 2 月下旬出炉。我进入心理学系 45 年来，工作程序一贯如此。据我所知，只有一个例外：安吉拉·李·达克沃斯（Angela Lee Duckworth）。

2002 年 6 月，我们收到一份迟来的申请，申请在当年 9 月入学。如果不是当时的研究生办公室主任约翰·萨比尼（John Sabini）的斡旋，这份申请一定会被草率地拒绝。约翰，愿他安息——他于 2005 年猝然去世，享年 59 岁。他一直是个特立独行的人，曾致力于研究流言蜚语等非常规话题，声称这是一种合法的道德制裁形式，只是惩罚程度低于法律制裁。他总是与主流的学院派社会心理学逆流而动，而我则是心理学系的另一个特立独行者，一般都忠于那些冷门的、需要听众的论点。约翰和我都能闻到 1 英里外异类的气息。

约翰给我发电子邮件，说："我知道她交得太晚了，但你必须读一读这份申请书，马丁。"以下是安吉拉申请书的节选：

到毕业时，我在剑桥公立学校的教室里做志愿者的时间，一点都不比在哈佛的课堂和实验室里少。曾经亲眼看到衰败的城市公立学校中学生的状态有多糟糕，我选择了良知而不是好奇。我决心在毕业后从事公立教育改革工作。大四的时候，我为低收入家庭的中学生创办了一所非营利的暑期学校。如今，我创办的夏桥学校（Summerbridge Cambridge）已经发展成为全国其他公立学校的典范，得到了全国公共广播电台（NPR）和许多报纸的报道，还被肯尼迪政府学院（Kennedy School of Government）作为案例研究，并赢得了马萨诸塞州的"更好政府奖"（Better Government Competition）。

接下来的 2 年，我拿到了马歇尔奖学金（Marshall fellowship）[1]，在牛津大学学习了 2 年。我的研究集中在阅读障碍中视觉信息的大小细胞通路……在那个阶段，我选择不去攻读博士学位……接下来的 6 年里，我成了公立学校教师、非营利组织领导人、特许学校顾问和教育政策撰稿人。

多年来，我一直在与成绩两极分化的学生打交道，现在我对学校改革有了截然不同的看法。我认为，问题不仅在于学校，也在于学生本身。原因很简单：学习很难。诚然，学习是有趣的、令人振奋的、令人满意的，但它也往往令人望而生畏，筋疲力尽，有时还会令人沮丧。总的来说，不想再学习、认为自己不能学习以及找不到学习意义的学生，无论学校或老师有多厉害，都无法学好……

要帮助那些长期表现不佳但聪明的学生，教育工作者和家长首先必须认识到，性格至少和智力同等重要。

我选择不把我 1964 年申请宾夕法尼亚大学研究生时的申请书翻出来和这篇比较。

近一个世纪以来，传统智慧和政治正确一直将学生的失败归咎于老师、学校、教室大小、课本、经费、政客和家长，而不是学生自己。什么？怪受害者？怪学生的性格？你好大的胆子！性格这个主题在社会科学领域早就过时了。

积极的性格

19 世纪，政治、道德和心理学都以性格为中心。林肯在第一次就职演说

1　马歇尔奖学金是英国国会根据 1953 年通过的《马歇尔援助纪念法案》所设立的学士后研究所奖学金，奖学金主要用于奖励美国人去英国求学。——译者注

中呼吁"人性中的善良天使",充分表现了当时的人们如何解释好的和坏的行为。1886年的芝加哥秣市惨案是一个转折点。在大罢工中,有人投掷了一枚炸弹,然后警察开了枪,在5分钟的混战中,8名警察和人数不详的平民被打死。德国移民被认定为罪魁祸首,新闻界谴责他们是"血腥的畜生""怪物"和"恶魔"。人们普遍认为,惨案是由移民的不良道德品质造成的,他们被贴上了"无政府主义者"的标签。其中4人被绞死,另1人在行刑前自杀了。

一批人对此反应很强烈。乘着这次抗议的东风,诞生了一个非常重要的想法:对不良性格的另一种解释。所有被判刑的人都是来自底层的工人,他们不懂英语,绝望无助,工资不够果腹,一家人住在一间拥挤不堪的小公寓里。这个伟大的想法声称,产生犯罪的不是坏的性格,而是恶劣的环境。神学家和哲学家接受了这一呼声,最终诞生了一门新的科学:社会科学。它能说明,环境比性格或遗传更能解释人类行为。几乎整个20世纪的心理学,以及社会学、人类学和政治学等姊妹学科都是在这一前提下展开的。

▷ 被未来吸引,而非被过去驱使

用环境取代性格来解释人类的不良行为,带来了一连串变化。第一,原因在情境而非个人,个人就不再对自己的行为负责。这意味着干预措施必须改变:如果你想创造一个更美好的世界,就应该改变产生不良行为的环境,而不是浪费时间去改变人的性格,或是惩罚不良行为、奖励良好行为。第二,进步的科学必须能分离出造成犯罪、无知、偏见、失败和所有其他人类弊病的情境,才能进行纠正。用金钱来解决社会问题成为主要的干预手段。第三,研究的重点只能是坏的事件,而不是好事。在社会科学领域,应该原谅某个学生在学校的失败,这是因为他饿了,或者受到了虐待,或者来自一个不重视学习的家庭。相比之下,我们不会从做好事的人身上拿走功劳,因为没有必要寻找导致善行的环境来"原谅"善行。没有必要说,一个学生演讲得很好,是因为她上了好学校,有慈爱的父母,而且吃得很饱。最后,环境决定论的基本假设往往被人忽视了，即我们是被过去所驱动，而不是被未来所牵引。

　　传统心理学研究受害者、消极情绪、异常心理、变态心理以及悲剧——都类似于秋市惨案。积极心理学对这一切的看法与传统心理学截然不同：有时人们确实是受害者（我写这篇文章的前一天，可怕的海地地震发生了，数十万真正的受害者现在正在遭受痛苦乃至死亡），但通常人们要为自己的行为负责，很多不幸的选择源于他们自己的性格。责任和自由意志都是积极心理学的必要成分。如果什么都要归咎于情境，个人的责任和意志就会被最小化甚至忽略。相反，如果行为源于性格和选择，那么个人的责任和自由意志至少构成了一定程度上的原因。

　　这对如何干预有直接的影响：在积极心理学中，要让世界变得更好，既可以通过消除恶性环境（我并不主张放弃改革），也可以通过认识、塑造性格来实现。奖惩可以塑造性格，而不仅仅是矫正行为。就像可怕的事件、失败、悲剧和消极情绪一样，好事、成就和积极情绪也是积极心理学的研究对象。一旦我们把积极的事件作为科学研究的对象，就会注意到，我们不能因为一个学生营养良好、有好老师或家庭重视教育，就不把其出色表现归因于他自己。我们有必要关注他的性格、才能和优势。最后，人类往往会被未来吸引，可能多于被过去驱使。因此，衡量和建构期望、计划和有意识选择的科学，比关注习惯、动力和环境的科学更有意义。我们会被未来吸引，而不是仅仅被过去驱使，这一点极为重要，而且与社会科学和心理学史的传统背道而驰。然而，这是积极心理学隐含的基本前提。

　　安吉拉提出，成绩差可能不仅仅因为制度出了问题，部分原因是失败者的性格，这一点吸引了我这样的积极心理学家，也吸引了约翰·萨比尼那样以培养特立独行者为教育目标的人。安吉拉就是一个特立独行得恰到好处的人：高智商、高学历，但没有受到太多政治上的影响，敢于对成功学生的性格优势和失败学生的性格缺陷进行认真的研究。

智能是什么

▷ 速度

我们立即面试了安吉拉。我对她的第一印象让我想起了一段往事，不得不在此叙述一二。20世纪70年代，我和宾夕法尼亚大学另一位教授艾伦·科斯（Alan Kors）共同创建了一个学院宿舍系统。科斯的专业是欧洲现代思想史，他认为大学教育在本质上就是心灵的生活。但当我们教本科生时，我们看到了一道鸿沟，他们把课堂与他们认为的真实生活分开了：他们可以在课堂上努力思考，以便取得好成绩，一旦下了课，就是派对、派对、派对。20世纪60年代初，艾伦和我曾在普林斯顿大学宿舍里亲身体验过这种动物式的生活，但我们进入了一个安全的避难所，一个改变了我们两人生活的地方：威尔逊小屋，是当时普林斯顿大学的一家餐饮店。直到今天，在经历了数十年的学术盛宴后，它仍然是我一生中最好的知识体验之处。在校长罗伯特·戈亨（Robert Goheen）的启发下，毕业班主席达尔文·拉巴特（Darwin Labarthe）领导大家共同反对普林斯顿大学根深蒂固的反智、反犹太热的俱乐部制度。大家一起创建了威尔逊小屋，对全体师生开放。有上百名极其聪明的学生和40名极其敬业的教职员工加入了进来。

艾伦和我相信，让敬业的教师和本科生混住在宿舍，同样能解决宾夕法尼亚大学宿舍里的动物式生活问题。于是，我们在1976年成立了宾夕法尼亚大学的学院楼。范·佩尔特学院是其中的第一栋，由于难以鼓动已婚的老师放弃家庭生活，住进学校宿舍，单身的艾伦自告奋勇担任了第一任楼长，与180个本科生住在一起。我离婚后，在1980年接替了他。我不能假装这是一份轻松的工作，事实上，这是我做过的唯一一份失败的工作。我不知道该如何扮演一位每天24小时照料年轻人的养父，也不知道该如何解决室友之间无休止的争吵、自杀倾向、约会强奸、恶作剧、缺乏隐私等问题，最糟糕的是，不通情理的行政部门不把楼长当作教授，而把我当作钟点工，这一切都让我的楼长生涯陷入了无休止的麻烦。

但我们创造的学术生活是一种进步，一直延续到今天。学院楼里的派对很棒，学生们称之为"爆能大师"。派对的核心是一个叫丽莎的学生，她是一个非常优雅的舞者。我们常常播放重型摇滚乐，节奏很快，丽莎却能在每一拍里跳两步，并且以别人两倍的速度从开场一直跳到深夜。

这让我想起了我对安吉拉的第一印象：她相当于一个语言版的丽莎，说话速度是我认识的所有人的两倍，不知疲倦，而且一直逻辑清晰。

在学术生活中，速度既有好处，也有坏处。我认为它是智能的核心。我的父母和老师都非常看重智能的速度，这方面的榜样是迪基·弗里曼（Dickie Freeman）和乔尔·库普曼（Joel Kupperman），他们是 20 世纪 50 年代早期在每周一次的广播节目《少儿智力竞赛》（Quiz Kids）中出现的两名神童。他们总能比其他参赛者更快地给出问题的答案，比如"哪个州的名称最后两个字母是 ut"。我知道这些，因为我在四年级的时候参加了当地电台的比赛，答对了这个问题，并且正确地猜出了《小辣椒》系列图书共有五本，但我被"《流过甜蜜的艾菲顿》（Flow Gently Sweet Afton）的作者是谁"这个题难倒了，只获得了地区第二名，没能参加全国性的节目。

我父母和老师对速度的偏见不是偶然形成的社会习俗。事实上，速度和智商的关系大得惊人。在名为"选择反应时"的实验过程中，受试者坐在一个面板前，面板上有一盏灯和两个按钮。他们被告知在绿灯时按左键，红灯时按右键，动作要尽可能地快。智商与操作速度的相关性几乎达到了 +0.5。要知道，快速选择反应时并不是简单的运动，因为它与"简单反应时"（"当我说开始时，尽可能快地按按钮"）的相关性可以忽略不计。

为什么智能和思维速度的关系如此密切？我的父亲阿德里安·塞利格曼（Adrian Seligman）是纽约州上诉法院判决报告的撰写人，他的工作是把高等法院 7 位法官笨拙而不合语法的意见翻译成人们能读懂的法律术语。他的速度非常快。我的母亲艾琳是一名法庭速记员，观察力极为敏锐。据她说，我父亲 1 小时就能完成其他律师一整天的工作量，这就给了他 7 个小时的时间来检查和提炼自己的作品，反复重写，这样一来，成品就比其他撰写人的作品优秀得多。

任何复杂的心智任务——改写法律意见书、三位数相乘、在心里数小时候住的房子的窗户、决定先缝合哪条血管、分析附近山顶是否可能是伏击点，都存在快速自动化过程，也有需要付出更多努力的慢速"主动"过程。假设你是一名经验丰富的上士，正要迅速冲上阿富汗的一座山顶。你扫视着前路，根据之前的经验，你立刻发现了危险的信号：刚刚被扰动的土壤，周围一片寂静，毫无动物的声响。一项任务的自动部分越多，你就有越多的时间来完成复杂的部分。现在，你有 2 分钟的时间通过无线电与基地联系，询问关于敌人的最新报告。基地反馈信息，就在今天早上，附近的村子里出现了三个陌生人。这些信息意味着前方可能有伏击或简易爆炸装置，所以你要绕着山走很长的路。自动加工省下的 2 分钟，救了你的命。

你的心智速度代表了你有多少任务能进行自动化的处理。我每次认真打桥牌的时候，都会体会到这一点（我平均每天在网上打 3 小时左右）。在我的一生中，已经玩了超过 25 万手牌，现在对我来说，所有的 4 个选手、13 张牌的组合（在桥牌中，有 4 名选手，每个人 13 张牌）都是自动的。所以如果我发现一个对手有 6 张黑桃、5 张红桃，我马上就知道，他要么有 2 张方片、没有梅花，要么有 2 张梅花、没有方片，要么梅花、方片各 1 张。经验不足的玩家必须计算剩余的牌，有些人甚至不得不自言自语。实际上，我也是差不多打到 10 万手牌的时候才不用再自言自语了。桥牌就像大多数人生的考验一样，都是有时间限制的。在桥牌比赛中，每局只有 7 分钟的时间，所以你能自动加工的组合越多，就越有时间来完成复杂的计算，弄清楚最有可能获胜的是单飞、紧逼还是终局打法。

伟大的桥牌运动员、外科医生或飞行员，与我们这些凡人的区别在于自动化加工的多少。如果一个专家所做的大部分工作都是自动完成的，人们会说他有"很强的直觉"。因此，我非常重视速度。

安吉拉这样解释（她的理论是本章基础）：

我们大多数人都记得在高中物理课上，物体的运动是用这个公式来描述的：距离＝速度×时间。这个方程规定了速度和时间是相互依赖、相乘的，而不是相互独立、相加的。如果时间为零，无论速度如何，距离都为零……

在我看来，完全可以用距离来比拟成就。毕竟，什么是成就呢？就是从起点前进到目标的距离，目标离起点越远，成就就越大。正如距离是速度和时间的乘积，假设机遇是不变的，成就是技能与努力相乘的结果，这似乎也很合理。要是不考虑其他系数，成就＝技能×努力。

高强度的努力可以补偿技能的不足，正如极强的技能可以补偿努力的不足一样，但如果两者中的某一个为零，那就无法弥补了。此外，对于技能高手来说，额外的努力会带来更大的回报。同样花费2个小时，木工大师肯定比业余爱好者做出来的成品更多。

因此，技能的一个主要组成部分是任务中自动化的比例，它决定了你能以多快的速度完成基本步骤。年轻的时候，我的速度很快，非常快。刚开始学术生涯时，我的语速几乎和安吉拉一样快。我的研究生学习阶段一路顺畅，不仅语速快，做研究也很快。刚从本科毕业2年8个月，我就拿到了博士学位，为此，曾教过我的布朗大学教授约翰·科比特（John Corbit）给了我一张纸条，很恼火地说我打破了他的纪录——3年。

▷ 慢是美德

智能和高成就不是只需要速度。速度能给你额外的时间来完成任务中非自动化的部分。然而，智能和成就的第二个组成部分是缓慢，以及利用速度省下的时间的方式。

心智速度是需要付出代价的。我发现自己在应该放慢速度时走了捷径，忽略了细微的差别。本该认真读完每一个单词的时候，我却在一目十行地草草浏览。我发现自己很难好好听人说话，别人刚说完几个字，我就猜到了他们要说什么，然后开口打断。很多时候我都很焦虑——速度往往伴随着焦虑。

1974 年，我们聘请了知觉心理学家埃德·皮尤（Ed Pugh），他致力于研究一些精确的问题，比如需要多少光子才能激发一个视觉感受器。埃德很慢。他身体反应并不迟钝（他曾是路易斯安那州高中队的四分卫），也不拖拉，而是他的语速很慢，对问题的反应时间也较长。对于埃德这样的人，我们称为"深思熟虑"。

埃德是宾夕法尼亚大学版的传奇人物威廉·埃斯蒂斯（William K. Estes）。威廉是最伟大的数学学习理论家，也是我见过的最慢的心理学家。和威廉谈话很痛苦。我花了几年时间研究梦，特别是研究做梦的功能是什么，因为我们全身瘫软地躺在那里，一个晚上大约有 2 个小时的快速眼动睡眠，在这种状态下很容易受到捕食者的攻击。大约 30 年前，我在一次大会上遇到威廉，问他："你认为做梦在进化方面的功能是什么？"

威廉目不转睛地盯着我看了 5 秒、10 秒、30 秒（你可能不信，但我真的数了时间）……整整 1 分钟后，他说："那么，马丁，你认为清醒的进化功能是什么？"

我在一次派对上遇到了埃德，他的一次长时间停顿让我想起了威廉，后者在类似的停顿后可能会说出一些深奥的话。我问埃德："你怎么变得这么慢了？"

"马丁，我不是一直这么慢。我也曾经很快，几乎和你一样快。我只是学会了变慢。读博士之前，我是耶稣会教徒。我的社会导师（该导师负责教导耶稣会学生如何社交，还有一位导师负责指导学业）告诉我，我太快了，所以每天他都会给一句话让我读，然后让我整个下午都坐在树下想那句话。"

"埃德，你能教我怎么变慢吗？"

事实证明，他能做到。我们一起读了索伦·克尔凯郭尔的《恐惧与战栗》（ *Fear and Trembling* ），每周只读一页。同时，重要的是，我的姐姐贝丝教我超验冥想（Transcendental Meditation）。我虔诚地练习超验冥想，坚持了 20 年，每天 40 分钟。我促使自己慢了下来，现在比埃德还要慢。

那么在"成就 = 技能 × 努力"的等式中，慢意味着什么？

执行功能

英属哥伦比亚大学发展心理学教授阿黛尔·戴蒙德（Adele Diamond）是我最喜欢的神经科学家之一，她放慢了幼儿园孩子的速度。众所周知，随着年龄的增长，性格冲动的孩子会表现得越来越差。沃尔特·米歇尔（Walter Mischel）的经典棉花糖研究表明，比起那些愿意等几分钟后吃到两个棉花糖的孩子，急于吞下眼前一个棉花糖的孩子表现要差得多。10 多年后，他们的学习成绩和 SAT 成绩都比那些能够等待的孩子低。阿黛尔认为，学业失败的根源在于孩子无法控制自己的快速情绪和认知冲动。老师们对这样的孩子感到恼火和沮丧，这些孩子也会对学校失去兴趣。他们很难遵守规则，变得越来越焦虑，喜欢逃避。老师对这些孩子的期望越来越低，孩子上学变得越来越痛苦，走向失败的恶性循环已经开始。

阿黛尔认为，关键是要打断这些快速的过程，让这些孩子放慢速度。放慢速度可以让执行功能发挥作用。执行功能包括集中注意力、忽略干扰、记住并使用新信息、计划行动、修改计划，以及抑制快速、冲动的想法和行动。

阿黛尔使用德博拉·梁（Deborah Leong）和埃琳娜·博德罗娃（Elena Bodrova）心智工具课程所提供的技巧，帮助冲动的孩子放慢了速度。其中一项技巧是结构化的游戏。当老师要求一个孩子尽可能长时间地站着不动时，4 岁的孩子平均能站 1 分钟。但在虚构的游戏中，为了扮演一家工厂的门卫，孩子可以站着不动 4 分钟。阿黛尔发现，上过心智工具课程的孩子在需要执行功能的测试中得分更高。

除了更多地使用执行功能，快速自动地完成大量任务，还能为哪些缓慢的过程腾出时间？创造力当然是其中之一。在公式"成就 = 技能 × 努力"中，成就不是随便一个动作，而是朝向特定的、固定的目标的运动——这是一个矢量，而不是绝对距离。通向一个目标通常有好几条路，有的很快，有的很慢，有的是死胡同。决定走哪条路是我们称为"计划"的缓慢过程，除此之外，发现新道路则可以代表创造力的大部分含义。

学习速度：速度的一阶导数

任何给定任务的心智速度都反映了与该任务相关的材料有多少已经在自动进行。我们称这些材料为"知识"，也就是你已经知道的与任务相关的东西。一项任务的速度会随着时间的推移而变化，这就类似于力学中速度的一阶导数"加速度"。是否也存在着心智加速度？也就是随着时间增加而变化的心智速度。你能以多快的速度获得新知识？一项给定任务中有多少能随时间和经验自动完成？我们称之为"学习速率"，即每个单位时间能学到多少。

安吉拉很快，她的心智速度可能是人类能达到的最快速度了。她在面试中震住了我们。招生委员会做出了让步，破例接受了她。她立即开始着手研究好学生和坏学生的性格这一宏大项目，但随后发生了一些令人尴尬的事情。为了说明这一点，我们需要深入研究成就的本质。

虽然安吉拉速度很快，但她对心理学一无所知，这很不幸，可能是因为她的教育背景几乎都不属于心理学领域。2002 年 8 月，为了让她学会积极心理学，我邀请她参加一场精英活动。每年夏天，我都会举办一个为期一周的会议，邀请来自世界各地的 20 名非常优秀的研究生、博士后以及几位顶尖的资深积极心理学家。邀请函的竞争激烈，对学术修养的要求也很高。安吉拉从不怯于开口，她参与了谈话，但我得到的反馈令人失望。一位高层人士这样评论："你加塞进来的这辆'破车'是谁？"

评价汽车质量的标准之一是速度。心智速度是一个非常好的品质，因为它能表明有多少旧知识已经处于自动化状态。但是，获取尚未自动化的新知识可能很慢，也可能很快。加速度，即每单位时间增加多少速度，是速度的一阶导数，也是衡量汽车质量的一个标准。心智加速度，即每单位时间内学习新事物的速度，也是"智能"的另一部分。结果，我们发现，安吉拉的心智加速度和速度一样快得惊人。

每个研究生都在学习，人们期望研究生能很快成为他所属的小小领域中的专家。但我认识的学生中没有一个像安吉拉学得那么快，她很快就掌握了庞大而复杂的关于智能、动机和成功的文献。几个月内，我和其他学生就得去安吉拉那里寻求关于智能的文献和方法的建议。仅仅 12 个月的时间，她就从一辆"破车"变成了法拉利。

到目前为止，在我们的成就理论中，已经讨论了以下几点：

·速度：速度越快，自动化的材料越多，我们就越了解任务。

·缓慢：成就中主动的、重要的过程，如计划、改进、检查错误和创造力。速度越快，知识越多，为这些执行功能留出的时间就越多。

·学习速度：新信息能以多快的速度变为自动知识，从而给缓慢的执行过程留出更多时间。

▷ 自制和自律

上述三个认知过程构成了我们的基本"技能"公式，即成就 = 技能 × 努力。但是安吉拉研究的不是学习成绩的认知过程，而是性格的作用，以及性格与等式中"努力"的关系。努力是我们花在任务上的时间。正如她在申请书中所说的，她决心探索的是非认知成分。成就的非认知成分可以总结为努力，而努力又可以简化为"花在任务上的时间"。佛罗里达州立大学的安德斯·埃里克森（Anders Ericsson）教授是一个高大、害羞而不屈不挠的瑞典人，他是研究努力的权威。

埃里克森认为，高深专业技能的基石不是上帝赋予的天赋，而是有意识的练习——你在练习中花费的时间和精力。莫扎特之所以成为莫扎特，主要不是因为他有独特的音乐天赋，而是因为从蹒跚学步起他就把所有时间都用在了自己的天赋上。世界级国际象棋棋手的思维速度并不是特别快，他们对棋路也并非有超凡脱俗的好记性。他们只是经验极为丰富，对棋盘布局模式的识别能力远远优于普通棋手。世界级的钢琴独奏家在 20 岁时已经有 1 万小时的独奏练习时间，相比之下，次一级的钢琴家的独奏练习时间为 5000 小时，而纯粹的业余钢琴手则为 2000 小时。有意识练习的典型例子是埃里克森的一位研究生——吕超，他是背诵圆周率的吉尼斯世界纪录保持者，他所能背诵的圆周率的位数非常惊人：67890 位。这个建议非常直截了当：如果你想在任何方面达到世界一流水平，你必须每周花 60 个小时来练习，坚持至少 10 年。

是什么决定了一个孩子愿意花多少时间并有意识练习来取得成就？完全是性格吗？自律是一种性格品质，能够促成有意识练习。安吉拉第一次投身于自律的研究是与马斯特曼高中（Masterman High School）的学生一起进行的，这个学校位于费城中心地带，非常有吸引力。马斯特曼高中从五年级开始招收有潜力的学生，但他们中的许多人会被淘汰，真正的竞争从九年级开始。安吉拉想弄清楚，自律与智商，哪个因素更能预测成功。

智商和学习成绩是一个已经得到透彻研究的领域，有很多既定的测量标准，但自律没有。因此，安吉拉创造了一个综合评价方式，涵盖了八年级学生表现出的自律的不同方面：艾森克青少年冲动性量表（Eysenck Junior Impulsiveness Scale，用"是"或"否"来回答关于冲动做事、说话的问题）、家长和教师的自制力评定量表（假设一般孩子的分数是 4 分，极度冲动评为 7 分，极度自制为 1 分，这个孩子能评几分？）、延迟满足（在一定范围内的金钱和时间衡量，例如，"你愿意我今天给你 1 美元还是两周后给你 2 美元？"）。在接下来的一年里，高度自律的八年级学生表现如下：

· 平均绩点更高；

· 分数更高；

· 更有可能进入好高中；

· 花更多时间做家庭作业，开始做作业的时间也更早；

· 缺课的次数更少；

· 看电视的次数更少。

智商和自律在预测成绩方面孰优孰劣？智商与自律之间不存在明显联系。换句话说，自律性很强的孩子里，高智商和低智商的比例可能差不多，反之亦然。比起智商，自律对学业成功的预测性要高约 2 倍。

这个有关自律的项目是安吉拉第一年的论文研究内容，我鼓励她去投稿，她就去投了。对于在学术期刊上发表文章，我算是一个老手，但这是我有生以来第一次看到一本顶级期刊回复了接受投稿的邮件，居然没有提出任何重大修改的要求。安吉拉在文章结尾写下了动人的话语：

美国年轻人的学业问题常被归咎于师资不足、课本枯燥、班级人数太多。对于那些未能发挥智力潜能的学生，我们提出了另一种可能的原因：不够自律。我们相信，对于许多美国孩子而言，要选择牺牲短期的快乐来换取长期的利益是很难的，而有助于自律的项目可能是获得学业成就的阳光大道。

这也解决了一个长期以来男女生学业成绩存在差距的谜团。从小学到大学，女生的每一门主课成绩都比男生高，尽管女生的平均智商并不比男生高。事实上，在智力和能力测试中，男生的得分往往比女生稍高一点。智商测验的结果会高估男生的成绩，低估女生的成绩，那么，自律可能是这个谜题的答案吗?

安吉拉测量了八年级开学时学生的自律程度,用来预测年底的代数成绩、出勤率和数学能力测试分数。女生的成绩确实优于男生,但数学能力却没有显著差异。正如预期的那样,能力测试低估了女生的成绩。更重要的是,女孩在自律的各个维度都比男生强得多。那么,问题来了:女生的成绩优于男生,是不是因为她们更自律?为了回答这个问题,一种叫作"分层多元回归分析"的统计技术起到了关键作用。具体而言,就是如果消除了自律的差异,成绩的差异会随之消失吗?答案是肯定的。

第二年,安吉拉在马斯特曼高中重复了这项研究,但加入了智商这一自变量。女孩们再次在代数、英语和社会学方面取得了更高的成绩,而且更加自律。男生的智商得分显著高于女生,而女生的成绩再次被智商和标准化测试低估了。通过分层多元回归分析发现,女生的自律仍然是成绩优秀的主要因素。

这解答了为什么女生直到大学成绩都比男生好的问题,但它却无法告诉我们,为什么男性获得专业学位和研究生学位多于女性,薪水也高于女性。女性优越的自制力并不会随着成熟而减弱,但大学毕业后,许多女性受到文化因素影响,从而削弱了自律带来的优势。

自我控制能预测学业成绩,还能预测其他方面吗?例如,肥胖的根源可能存在一个关键时期:青春期早期的体重增加。安吉拉查看了学校护士对五年级学生体重的记录,她在 2003 年测量了这些学生的自律程度,并调查他们到八年级时体重增加了多少。自律对体重增加的作用和对成绩的作用是一样的。自律性强的孩子增加的体重比自律性弱的孩子少。智商对体重增加没有影响。

▷ 毅力与自律

如果我们想最大限度地提高孩子的成绩,就需要加强自律。我最喜欢的社会心理学家罗伊·鲍迈斯特认为，它是美德之王，有助于提升其他优势。自律的特征是毅力，也就是对一个目标的坚持不懈和高度激情的结合。事实上，安吉拉已经在继续研究毅力了。我们已经看到，一点点的自律可以带来相当大的成就，但什么才能带来真正非凡的成就呢？

　　非凡的成就是非常罕见的。从定义上来说，这听起来像是同义反复："非常罕见"和"非凡"的意思好像是一样的。但其实并非如此。为什么呢？答案揭示了天才背后隐藏的秘密。我用"天才"一词作为真正非凡成就的代名词，而大多数人认为这只是处于成功的钟形曲线或正态分布右侧尾部的极端值。钟形曲线适用于普通事物，如魅力、美貌、成绩和身高，但它完全不能用来描述成就的分布。

▷ 高成就

　　著名社会学家查尔斯·默里（Charles Murray）在代表作《人类的成就》（*Human Accomplishment*）中，从体育开始展开讨论。大多数职业高尔夫球手一生平均能赢得多少次美国 PGA 锦标赛[1]？平均值为 0—1（出现最多的值是 0）。但是有 4 位职业高尔夫球手赢得了 30 场以上，其中阿诺德·帕尔默（Arnold Palmer）赢了 61 场，杰克·尼克劳斯（Jack Nicklaus）赢了 71 场——截至我写这本书的时候，泰格·伍兹（Tiger Woods）也赢了 71 场。运动员赢得 PGA 锦标赛的次数分布不是钟形曲线，而是凹面向上、左边极其陡峭如悬崖的曲线（见下图）。

1　世界职业高尔夫球坛四大满贯赛事之一（其余三项为英国公开赛、美国大师赛和美国公开赛），一般都在每年的 8 月中旬举行。——译者注

（%）

60

50

40

30

占职业球员的百分比

20

10

0

0   10   20   30   40   50   60   70

赢得 PGA 锦标赛的次数

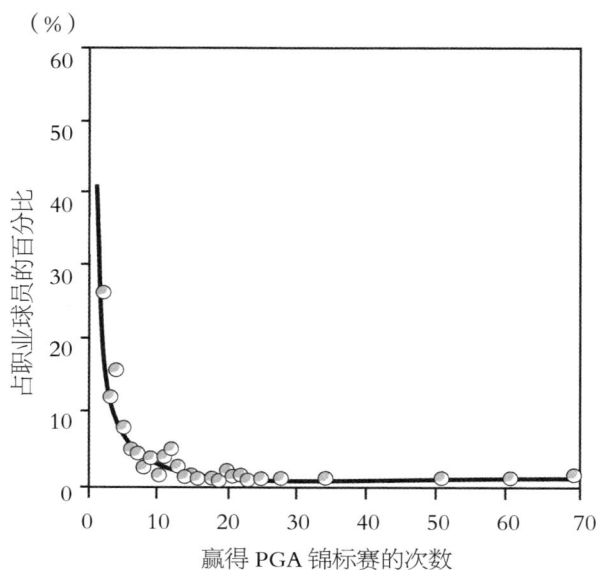

职业球员赢得 PGA 锦标赛的数量分布

　　这种曲线的专业名称是"对数正态分布"，这意味着变量的对数呈正态分布。同样的模式也适用于网球、马拉松、国际象棋和棒球锦标赛，取得成就的难度越大，曲线就越陡峭。在每一个领域，都有许多优秀的选手，但只有两三位巨人能包揽所有奖项，与其他不错的球员根本不属于一个档次。社会财富也是如此，极少数人拥有的财富远远超过其他所有人。很多企业也不例外，20% 的员工创造了 80% 的利润。

　　为了证明这一点，默里量化了 21 个智能领域的天才，包括天文学、音乐、数学、东西方哲学、绘画和文学等。在每一个领域中，领军人物的被引用率都不是呈钟形分布的，更确切地说，只有两三位巨人抢占了大部分的荣誉和影响力。中国哲学领域中的巨头是孔子；技术方面是瓦特和爱迪生；西方音乐领域是贝多芬和莫扎特；西方文学领域则是莎士比亚。

　　看完这段，你的反应可能和我一样，觉得"当然，从直觉上我早就知道了"。但为什么呢？为什么所有领域都是如此？

顶尖人物比优秀的人强大太多，天才的分布曲线绝不可能呈现为钟形。因为天才曲线是相乘得来的，而不是相加的。发明晶体管的诺贝尔奖获得者威廉·肖克利（William Shockley）在科学论文中发现了这一模型：极少数人发表了大量论文，但大多数科学家没有发表或只发表了一篇。肖克利写道：

例如，发表科学论文可能涉及的因素有（这些是部分因素，排序与重要性无关）：（1）提出一个好问题的能力；（2）解决问题的能力；（3）识别有价值的结果的能力；（4）决定何时停止并写出结果的能力；（5）充分的写作能力；（6）从批评中获益的能力；（7）决定将论文提交给期刊的能力；（8）坚持不懈修改的能力（如果期刊认为有必要的话）。现在，如果一个人在这八个因素上都超过其他人 50%，他的生产力就会比别人高 25 倍。

这就是毅力的基本原理，它是一种永不屈服的自律形式。高度的努力是由极端坚持的个性特征造成的。一个人越有毅力，花在工作上的时间就越多，这些时间不只加强了天赋技能，而且能使进步翻倍。所以安吉拉发明了一种测试毅力的方法。现在就去做这项毅力测验吧，请你的孩子也做一下。

参照以下评分标准，回答下面八个问题：

1= 完全不像我；2= 不太像我；3= 有点像我；4= 大部分像我；5= 非常像我

1. 新的想法和项目有时会让我从旧的想法和项目中分心。* _____

2. 挫折不会让我泄气。_____

3. 我会对某个想法或项目痴迷一小段时间，然后就失去了兴趣。* _____

4. 我是一个努力工作的人。_____

5. 我经常设定一个目标，后来又选择了另一个目标。* _____

6.我很难集中精力去完成那些需要几个月才能做完的项目。* _____

7.我不会半途而废，只要开始了，就一定会坚持做完。_____

8.我很勤奋。_____

注意，带 * 的项目为反向计分。

计算分数：

1.汇总第 2、4、7 和 8 题的分数_____。

2.将第 1、3、5 和 6 题的分数相加，并用 24 减掉这个数字，得到总分

_____。

3.将以上两步得到的分数相加，再除以 8，得到_____。

以下是安吉拉收集了大量数据后，得出的男性和女性的得分对比表。

十分位数 （十分之一）	男性 （4169 人）	女性 （6972 人）
1st	2.50	2.50
2nd	2.83	2.88
3rd	3.06	3.13
4th	3.25	3.25
5th	3.38	3.50
6th	3.54	3.63
7th	3.75	3.79
8th	3.92	4.00
9th	4.21	4.25
10th	5.00	5.00
平均标准差	3.37，0.66	3.43，0.68

安吉拉对毅力有什么发现？她发现，受到的教育越多，毅力就越强。这

不足为奇，但二者的关系到底是什么样的呢？更多的教育会产生毅力吗？或者，更有可能的是，遭到各种失败和挫折之后，有毅力的人才能坚持下去，从而获得更多的教育吗？这还是个未知数。更令人惊讶的是，在教育程度相同的情况下，年纪大的人比年轻人更有毅力，而 65 岁以上的人比其他任何年龄段的人都更有毅力。

▷ 毅力的好处

学习成绩

宾夕法尼亚大学心理学专业的 139 名学生参加了"毅力测试"。我们知道他们的 SAT 成绩，这是对智商评估的一个很好的标准。安吉拉追踪了他们的学业情况及此后的成绩。高 SAT 分数能预测较高的成绩（这也是 SAT 分数高已证实的唯一好处），强毅力也能预测较高的成绩。重要的是，在 SAT 分数一样的情况下，更强的毅力能预测更高的成绩。在 SAT 分数的每一个级别中，毅力较强的学生都比其他人成绩更好，而 SAT 分数较低的学生则需要锻炼毅力。

西点军校

2004 年 7 月，1218 名进入西点军校的新生参加了一系列的测试，包括毅力测试。军队计算了得分，并且非常认真地试图通过心理测试得分来预测其成就。有趣的是，毅力测试似乎是一个独特的测试，因为它与"学生总分"没有关联。总分包括了 SAT 分数、领导力潜力评分和体能得分。哪些新生能完成艰苦的夏季训练（以前被称为"野兽营"），哪些人会被淘汰？要预测这一方面，毅力测试的效果最为准确，比其他所有测试加起来都要好。毅力测试还能预测第一年的平均成绩和军事表现分数，不过其他更传统的测试也能做到这一点，毅力测试的效果并没有超过它们。事实上，在预测平均成绩方面，简短的自我控制量表比毅力测试更好。2006 年，安吉拉在西点军校重复了这项研究，发现毅力测试除了能预测房地产销售的淘汰情况，也可以预测美国特种部队的留任率。

全美拼字比赛

来自世界各地的数千名 7—15 岁的孩子参加了全美拼字比赛。2005 年，273 人进入了在华盛顿举办的决赛，安吉拉对其中很多孩子进行了智商测试和毅力测试。她还记录了他们花了多少时间研究生僻单词的拼写。毅力能预测谁能进入最后一轮，而自制力则无法预测。言语智商是智商的一个组成部分，也可以预测谁能进入最后一轮。在年龄和智商一样的情况下，毅力远强于平均水平的选手晋级决赛的可能性比其他人高 21%。统计显示，毅力强的决赛选手表现优于其他选手，至少部分原因是他们花了更多的时间学习单词。第二年，安吉拉再次重复了这一研究，这一次，她发现毅力强的人之所以能够胜出，是因为确实用了更多时间来练习。

走向成功的要素

一起来回顾"成就 = 技能 × 努力"这一公式吧，再总结一下成就的要素：

1. **快**。对一项任务的思考速度反映出该任务有多少是自动完成的，以及你拥有多少与这项任务相关的技能或知识。

2. **慢**。与基本技能或知识不同，计划、检查、唤起记忆和创造力都是缓慢的执行功能。你拥有的知识和技能越多（通过速度和有意识练习，获得越早），就有越多的时间来进行缓慢的过程，因此，结果就越好。

3. **学习速度**。你的学习速度越快，在每一个单位时间里积累的知识就越多。这与思考任务的绝对速度不是同一回事。

4. **努力等于花在任务上的时间**。花在某项任务上的时间会使你在实现目标方面的技能成倍增加。它还涉及第一个要素：花在任务上的时间越多，积累的知识和技能就越多。决定你花多少时间在任务上的主要因素是自律和毅力。

所以，如果你的目标是让自己或孩子取得更高的成就，应该怎么做呢？

关于如何发展第一个因素——思维速度，我们也不太清楚。但速度带来的是知识，速度越快，获得的知识就越多，单位时间里的自动化程度就越高。因此，如果很难提高思维速度，在某项任务上花更多的时间也能取得成就。即使你的孩子不是天才，有意识的练习也能帮助他建立知识库，起到很大的作用。是的，有必要练习，练习，再练习。

减慢速度为加强执行功能（计划、记忆、抑制冲动和创造力）提供了空间。正如精神病医生埃德·哈洛威尔（Ed Hallowell）对患有注意缺陷与多动障碍（ADHD）的儿童说的："你的头脑像法拉利一样快，而我是刹车专家，我是来帮你学会刹车的。"冥想和培养深思熟虑的习惯都很有用——慢慢说话，慢慢阅读，慢慢吃饭，不要打断。对小孩子来说，"心智工具"可能有用。关于培养耐心的方法，还有待深入了解。现在，这一美德并不流行，但至关重要。

据我所知，学习速度——也就是每单位时间能学到多少内容，几乎无法脱离知识本身的数量而独立测量。所以，怎么才能提高你的学习速度？我对此一无所知。

要获得更多成就，真正的方式是努力。努力约等于你完成这项任务的时间。完成任务有两种作用：它能将现有的技能和知识成倍放大，也能直接提升技能和知识。最棒的是，努力非常有可塑性。你在一项任务上花多少时间，取决于有意识的选择，也就是你的自由意志。选择努力至少来自性格的两个积极面：自律和毅力。

高成就是丰盛人生的四大要素之一，也是意志和品格成为积极心理学不可或缺的研究对象的另一个原因。我希望（实际上是我预测），在这 10 年里，增强毅力和自制力的方法研究会有重大突破。

从前，我一直认为积极教育是一个有价值的理想，但不确定它是否能在现实世界中生根发芽。如今，发生了一件大事，这是积极教育的一个转折点。接下来的两章将介绍这部分内容。

心理弹性的力量

2009 年玫瑰碗（Rose Bowl）[1] 得主南加州大学特洛伊人队的主教练皮特·卡罗尔（Pete Carroll）说："写下你的人生哲学吧，不能超过 25 个字。"

他给我们留了 2 分钟。上百名听众，包括特种部队士兵、情报官员、心理学家，还有几位将军，基本上都和我一样，坐在那里发呆，不知道该如何动笔。只有少数几个人写了，其中一位就是朗达·科纳姆（Rhonda Cornum）准将。

皮特让朗达讲一讲她的人生哲学。她说："分清轻重缓急。将目标按优先级排序——A、B、C，放弃 C。"

身体和心理健康共存

与朗达密切合作是我一生中最大的乐事之一。我们的合作始于 2008 年 8 月，当时，五角大楼退伍军人负责人吉尔·钱伯斯（Jill Chambers）到我家来拜访。

身材娇小的吉尔上校解释说："我们不希望华盛顿街头到处是乞讨的

1　年度性的美国大学美式足球比赛，通常于元旦在加州洛杉矶北部的帕萨迪纳的玫瑰碗球场举行。——译者注

老兵，不希望退伍军人被创伤后应激障碍（Post-Traumatic Stress Disorder, PTSD）、抑郁症、吸毒、离婚和自杀困扰。我们读了你的书，想知道你对军队有什么建议。"

2008 年 11 月下旬，我几乎忘了与吉尔的谈话，应邀在五角大楼与陆军参谋长乔治·凯西共进午餐。凯西将军个子不高，动作敏捷，50 多岁，头发花白。他走进来时，我们都起立致敬。坐下时，我注意到我左边的三星将军的笔记本上写着"塞利格曼午餐"。

凯西将军开口道："我想建立一支心理和身体同样健康的军队。请你们提一些建议，告诉我该如何实现这种文化转型。"

我想着，"文化转型"这个词确实没用错啊。作为一个外行，我对未来战争的看法是由鲍勃·斯凯尔斯（Bob Scales）少将奠定的。他退休前是美国陆军战争学院校长，军事历史学家，也是《武装部队杂志》（*Armed Forces Journal*）上一篇精彩文章《克劳塞维茨与第四次世界大战》（*Clausewitz and World War IV*）的作者。斯凯尔斯将军认为，第一次世界大战是化学战争，第二次世界大战是物理和数学战争，第三次世界大战是计算机战争，而第四次世界大战将是一场人类战争（其实已经开始了）。任何理智的敌人都不会在空中、海上或导弹上与美国对抗——我们在这种战争中极占优势。不幸的是，我们最近打过的所有仗都是人类战争，在这方面，我们虚弱不堪。越南和伊拉克就是典型的例子。因此，军队现在必须认真对待人文科学了。如果一支军队能够心理和身体一样健康，那就领先了一步。

"心理健康的关键是心理弹性，"凯西将军接着说，"从现在起，整个军队都要教授和测量心理弹性。塞利格曼博士是心理弹性方面的世界一流专家，请您告诉我们如何做到这一点。"

一开始受邀的时候，我还以为是要讨论创伤后应激障碍以及退伍军人待遇的问题。现在，我对这次会议的转折感到惊讶，说了几句由衷的话，表达了自己能和这群人坐在一张桌子旁有多荣幸。然后，我重复了之前跟吉尔说过的话：聚焦于抑郁症、焦虑症、自杀和创伤后应激障碍的病理学问题，完全是因小失大。军队所能做的是让所有官兵面对逆境的反应更具弹性，这不仅有助于预防创伤后应激障碍，还可以让更多士兵从逆境中迅速恢复。最重要的是，这能让更多士兵在残酷的战争中获得心理成长。

至少在年轻人中，心理弹性是可以传授的。这是积极教育的主要推力。我们发现，心理弹性训练可以减少儿童和青少年的抑郁、焦虑和行为问题。

"这与军队的使命相一致，凯西将军，"小布什任总统时的军医署长理查德·卡莫娜（Richard Carmona）插话道，"我们每年为了健康花费2万亿美元，其中75%用于治疗慢性病，照顾像我和塞利格曼博士这样的老年人。这种行为错误地鼓动了民间医药资本。如果想要健康，我们应该集中精力去建设心理和身体上的弹性——特别是针对年轻人。我们希望建设一支能够从逆境中恢复的军队，用以应对未来10年的持久战。这才是军用医药业的动力。如果心理弹性训练有效，将成为民用医学的典范。"

"我们可以将这个项目从医疗体系中推广出去，为精神疾病去污名化，在教育和训练中关注心理弹性。"现任美军军医署长兼医疗队指挥官埃里克·斯库梅克（Eric Schoomaker）中将建议，"如果它有用，能预防疾病，我的预算会被削减，因为没有那么多病要治了。但这才是对的。"

"这正是我们现在要开始做的，塞利格曼博士。"凯西参谋长解释说，"两个月前，在科纳姆将军的领导下，'士兵全面健康项目'开始了。美国士兵在战场和家乡之间轮换了8年多，积累了很大压力，导致士兵能力下降，并在很大程度上破坏了前方与后方的关系。我不知道这个冲突不断的时代何时会结束，但我确信，在可预见的未来，军人仍将受到伤害。我的责任是确保我们的士兵、军属在身体和心理上做好准备，在今后的岁月里继续为那些战斗中的人提供服务和支持。科纳姆将军，我希望您和马丁能紧密合作，制订'士兵全面健康项目'的后续具体方案，60天后向我报告。"

第二个星期，朗达到了我在宾夕法尼亚大学的办公室。"60天，"她告诉我，"在我的计划里，'士兵全面健康项目'包括了三大板块，所以这个时间不算充裕。我希望你能帮我解决三个方面的问题：心理健康测试、与测试配套的自我提升课程和心理弹性训练的试点研究。"

全面评估工具

我们首先招募人员创建"全面评估工具"（Global Assessment Tool, GAT），这是一份自我报告问卷，旨在从四个方面测量士兵的心理福祉：情绪健康、社会健康、家庭健康和精神健康。GAT 能用来指导士兵参加不同的训练项目——基础项目或高级项目，也可以用来评估这些项目是否成功。它还能提供测量军队整体心理健康状况的标准。

朗达为 GAT 设定了硬性推广的模式，这来自她曾做过的"财务健康项目"。由于很多士兵在退役后陷入财务困境，朗达设计并推广了一项财务健康测试，配合一门金融辅助课程。这一项目降低了退伍军人的不良贷款数量。所以我们的工作就是设计一个测试，涵盖心理福祉这四个方面，然后就像军队测试、训练体能一样，通过训练提升心理健康水平。

军队在创造心理测试方面有着杰出的历史，很多军用测试后来成为民用测试的标准。第一次世界大战期间，军队对识字士兵进行了 Alpha 测试，对不识字士兵进行了 Beta 测试。200 万士兵参加了这一测试，其目的是区分心智上的合格与不合格，然后选出合格者担任相关职务。虽然引起了一些争议，但自此之后，团体智力测试在民用领域迅速蔓延开来，今天，智力测试仍然存在。第二次世界大战期间，军队开发了一系列更为具体的能力测试。其中之一是航空心理项目，制定了选择、划分飞行人员的新程序。它的开发者是20 世纪美国心理学的著名人物。"二战"前，飞行员是通过教育选拔出来的，但仅仅以教育为标准，无法选出足够多的人选。因此，军方开发了一套全面的方法，包括测试智力、人格、特定兴趣和生平记录，以及在实验室测试的警觉性、观察敏锐性、知觉速度和协调性。这套方案很有效，它能预测实际的飞行失误，也能用来筛选一般飞行员，但在识别王牌飞行员方面没有那么有效。

如果配合良好的话，基础研究和应用研究可以相辅相成。心理学在两次世界大战后都有了突飞猛进的发展，这也许不是巧合。第一次世界大战期间的评估侧重于一般能力，第二次世界大战期间的评估侧重于态度和特殊能力。"士兵全面健康项目"聚焦于心理资本，如果这个项目能够成功地评估和预测哪些士兵表现出色，也许会出现类似的飞速发展。我们期望，GAT 未来能适用于企业、学校、警察、消防部门以及医院，因为在所有地方，人们都不仅要消除、补救糟糕的表现，更要肯定、庆祝和鼓励好的表现。

这是朗达和我对心理健康测试的期望。为此，我们建了一个工作组，由 10 名测试专家组成，其中一半是平民，另一半是军人。小组负责人是密歇根大学著名教授、VIA 测试的创造者克里斯·彼得森和卡尔·卡斯特罗（Carl Castro）上校。在接下来的几个月里，他们和克里斯在密歇根大学的同事朴兰淑（Nansook Park）一起拼命工作，梳理了之前经过充分验证的测试中使用的数千个相关项目，创建了只需 20 分钟就能完成的 GAT。

作为领导者，朗达既有身为泌尿外科医生的行动力，又具备将军闪电般的直觉，这在 GAT 的创建过程中体现得淋漓尽致。在建构好工具并在几千名士兵身上进行试验后不久，一位善意的平民心理学家给她写了一封充满疑问的信，建议在某些问题上加以改善。在给我们所有人的一封简短的电子邮件中，朗达将军写道："精益求精。"

以下是一部分 GAT 的测试项目。请注意，与许多心理测试不同，GAT 测试既关注优势，也关注缺点；既关注成就，也关注问题；既有积极因素，也有消极因素。而且，它是完全保密的，只有士兵本人才能看到自己的测验结果。上级都无法看到个人的测验结果，原因有两个：一是即使在军队也要尊重合法的隐私权，二是增加获得诚实答案的可能性。

请注意，GAT 首先要测总体满意度。

生活满意度测试（部分项目）

在过去的四周里，你对自己的这些部分有多满意?（在每项前面写上相应的数字，下同）。

非常不满意				中立				非常满意	
1	2	3	4	5	6	7	8	9	10

☐ 我的生活

☐ 我的工作

☐ 我的朋友

☐ 我所在单位的士气

☐ 我的家庭

优势测试

想一想，在过去四周里，在遇到以下情况时，你是怎么做的？请如实回答（在附录中，你可以看到 GAT 中突出优势测试的完整版）。

从不								总是	
1	2	3	4	5	6	7	8	9	10

☐ 设想你有机会做一些新奇或创新的事情。在这种情况下，你使用创造力或独创性的时候有多少？

☐ 设想你需要做一个复杂而重要的决定。在这种情况下，你使用批判性思维、开放态度或良好的判断力的时候有多少？

☐ 设想你经历了恐惧、威胁、尴尬或不适的真实情境。在这种情况下，你勇敢无畏的时候有多少？

☐ 设想你正面临困难且耗时任务的真实情境。在这种情况下，你发挥持久毅力的时候有多少？

□设想你可以向别人撒谎、欺骗或误导别人的真实情境。在这种情况下，你诚实的时候有多少？

□想想你的日常生活。在可能的情况下，你感到并表现出热情的时候有多少？

□想想你的日常生活。在可能的情况下，你有多少次向别人（朋友、家人）表达爱或依恋，并接受别人的爱？

□设想你需要了解别人的需求并做出回应的真实情境。在这种情况下，你多久使用一次社交技能、社会意识或街头智慧？

□设想你是团队中的一员，团队需要你的帮助和忠诚。在这种情况下，你表现出团队合作的时候有多少？

□设想你能对两个或两个以上的人使用权力或施加影响。在这种情况下，你保持公平的时候有多少？

□设想你是团队中的一员，团队正需要有人来指引方向。在这种情况下，你使用领导力的时候有多少？

□设想你很想做一些以后可能会后悔的事情。在这种情况下，你谨慎行事的时候有多少？

□设想你需要控制欲望、冲动或情绪的情境。在这种情况下，你自我控制的时候有多少？

情绪健康测试（部分项目）

根据你通常的想法来回答。

1= 一点也不像我

2= 有一点像我

3= 有些像我

4= 大部分像我

5= 非常像我

☐当我遇到坏事情时，我预感会发生更多的坏事。

☐我无法控制发生在自己身上的事情。

☐面对压力时，我会把事情变得更糟。

以上三项对测试创伤后应激障碍和抑郁症的发生很重要。它们是"灾难化思维"项目，是一个认知思维陷阱，我们在心理弹性训练中会特别注意来改变它们，具体方式将在下一章讨论。如果你认可这些项目"非常像我"，就可能有焦虑、抑郁和创伤后应激障碍的风险。

其他情绪健康项目：

☐在不确定的时候，我通常怀着最好的预期。

☐如果有什么坏事可能发生，它就一定会发生。

☐我很少指望好事发生在自己身上。

☐总的来说，我预期发生在我身上的好事多过坏事。

以上四项是乐观主义项目，可以预测承受压力时的坚韧性和身体健康。

☐工作是我的生命中最重要的事情之一。

☐如果有机会，我还会选择现在的工作。

☐我很敬业。

☐我在工作中的表现会影响我的感受。

以上四项是敬业度项目，可以用来预测工作绩效。

☐我对某个想法或项目痴迷了一段时间，但很快就失去了兴趣（毅力项目）。

☐我很难适应变化。

☐我通常会把自己的感受藏起来。

☐在不确定的时候，我通常期望会发生最好的情况。

社会健康测试（部分项目）

请说明你对以下陈述的同意或不同意程度。

1＝非常不同意

2＝不同意

3＝中立

4＝同意

5＝非常同意

☐我的工作让世界变得更美好。

☐我相信战友们会在意我的福祉和安全。

☐我最亲密的朋友是我的同事。

☐总的来说，我信任我的直接上级。

精神健康测试（部分项目）

☐我的人生有持久的意义。

☐我相信在某种程度上，我的人生与全人类、全世界紧密相连。

☐我在军队所做的工作意义深远。

家庭健康测试（部分项目）

☐我和家人很亲近。

☐我相信军队会照顾我的家庭。

☐军队给我的家庭带来了太多负担。

☐军队帮助我的家庭过得更好。

GAT 是基于优势而设置的，所以它引入了一套方式来描述士兵的正确之处。随着人们对这套方式越来越熟悉，它将成为谈论自己和其他士兵优势的一种方式。所有士兵都必须参加 GAT，这可能会减少接受心理健康服务的羞耻感。没有一个士兵会感到被孤立，所有的士兵都会收到关于他们优势的反馈。最后，GAT 将用于向士兵介绍根据他们自己的心理健康状况定制的在线课程。

2009 年秋季，这个评估工具最终设计完成，开始应用到大规模测试中。所有士兵在职业生涯中，每年至少要参加一次这一测试。在撰写这部分内容时（2010 年 9 月），已经有 80 多万士兵参加了 GAT。最初的发现证明了其有效性：级别越高，经验越多，心理健康水平也越高。情绪健康水平越高，创伤后应激障碍症状越轻。随着情绪健康程度的提升，医疗费用也在下降。现在，军队中有 20% 的女性，她们和男性的心理健康程度差不多，只有一个显著差异：女性的信任感得分低于男性。

美国军队有 110 万士兵，家属人数则更多，这将创建历史上最大、最完整的心理和生理数据库。随着时间的推移，军队将把这些心理特征与表现和医疗结果结合起来。这涉及合并 29 个大型数据库的庞大工作。令人震惊的是，我们将对以前没有人能够回答的问题给出明确的答案，例如：

· 哪些优势可以预防自杀？

· 高意义感能让身体更健康吗？

· 积极情绪高的士兵伤口愈合得更快吗？

· 善良的士兵会获得更多的勇敢奖章吗？

· 家庭健康水平高的士兵晋升速度会比较快吗？

· 高信任感能预测创伤后更好的发展吗？

· 良好的婚姻能预防传染病吗？

· 在生理风险指标不变的前提下，心理健康是否能降低医疗保健成本？

· 是否存在身体和心理都很健康的"超级健康"士兵？他们很少生病，即使生病，恢复得也很快，在压力下表现得更出色？

· 指挥官的乐观主义能否感染下属？

GAT 与耗资 130 万美元的士兵健康跟踪系统（Soldier Fitness Tracker,

SFT）结合在了一起。士兵健康跟踪系统是一个庞大的数据记录系统，提供了一个无与伦比的信息技术平台，支持凯西参谋长对士兵全面健康的设想。SFT为 GAT 提供了灵活的传递机制，还有强大的数据收集和报告能力。它的目的是测量、追踪和评估所有美国士兵的心理健康状况，不仅是那些现役士兵，还包括国民警卫队和预备役士兵。完成评估后，可以立即进行在线训练，提高士兵各方面的健康状况。下文会讨论这些训练模块。士兵的成年家属和军队文职雇员也可以使用 GAT 的修订版和这些培训模块。从新兵入伍时，SFT就开始评估士兵，每隔一段时间就会进行重新评估，一直持续到士兵退伍后重新回归平民生活。

每个士兵都必须完成 GAT 测试，为了确保完成率，军官可以查看哪些人完成了 GAT，但看不到其分数。军官可以追踪单位的完成率。SFT 系统还能跟踪不同维度的在线训练模块（见下文）的使用情况。在陆军部这一层级，系统可以根据军衔、性别、年龄、完成 GAT 的平均时间、不同地区的成绩分布来生成报告。

第九章将讨论积极健康，读到这一章的时候，你可以回顾这个了不起的数据库和配对技术。这个数据库可以精确地揭示，在通常的风险因素之外，还有哪些特点能预测健康和疾病。

线上课程

军队会把军事史、经济学等课程计入大学学分。士兵全面健康的第二个重点是针对四大健康领域开设线上课程，并为全体士兵开设创伤后成长课程。科纳姆将军邀请顶尖的积极心理学家们负责每门课程的开发：芭芭拉·弗雷德里克森负责情绪健康，约翰·卡奇奥波负责社会健康，约翰·戈特曼和朱莉·戈特曼夫妇共同负责家庭健康，肯·帕加门特（Ken Pargament）和帕特·斯威尼（Pat Sweeney）负责精神健康，理查德·泰德斯基（Richard

Tedeschi）和理查德·麦克纳利（Richard McNally）负责创伤后成长。士兵使用 GAT 后会得到分数和个人资料，以及选择课程的推荐。

以下是一位男性中尉的 GAT 分数，以及他与别人的比较：

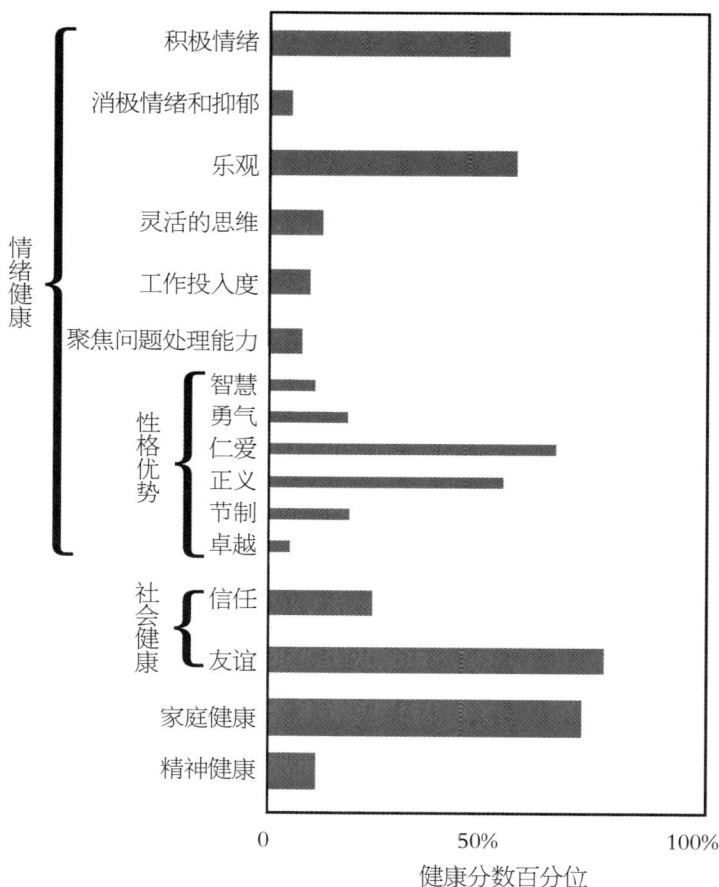

一位男性中尉的心理健康状况分析图

下面是对这位中尉所得分数的分析：

他是一个开朗乐观的人，非常重视朋友和家人。这些都是他的明显优点。但与其他士兵相比，他工作投入度不高，似乎缺乏强烈的使命感。他在应对压力时不太主动，思维也不太灵活。这些特点可能会妨碍他有效处理压力和逆境的能力。

因此，培养灵活思维和积极应对的训练（如为军队设计的宾夕法尼亚大学心理弹性项目，以及在线精神健康训练课程）可能会对这位中尉有益，帮助他看到工作的重大意义。考虑到他与朋友和家人已经建立了牢固的关系，在线家庭健康课程的高级培训可能会使他进一步受益，还可以利用此项优势提高他在其他领域的健康状况。

情绪健康模块

萨拉·阿尔戈（Sara Algoe）和芭芭拉·弗雷德里克森带着士兵们学习了情绪的作用，以及如何更好地利用情绪。消极情绪是对我们的警告：我们通常是先意识到危险，才感到恐惧；先想到失去，才感到悲伤；先发现受伤害，才感到愤怒。当我们的消极情绪反应与现实的危险、失去或伤害不相称时，我们就应该从消极情绪中抽身，确认到底发生了什么，然后调整我们的情绪反应，使之与现实相一致。这是认知治疗的本质，也是用来预防的模式。

这个模块教给士兵们的积极情绪，正来自弗雷德里克森关于洛萨达比例的前沿研究。建立强有力的洛萨达比例（积极想法多于消极想法），就能通过更频繁地拥有积极的情绪来建立心理资本和社会资本。这一战略在军事环境中很重要，在会议室、婚姻或育儿中同样重要。因此，本模块将指导士兵如何以"资源建设者"的身份培养更多积极情绪。以下是阿尔戈和弗雷德里克森课程中关于培养积极情绪方式的摘录：

利用情绪

今天我们将讨论如何利用你的积极情绪。

利用积极的情绪并不是说你在人生中只看积极的一面，总是面带微笑。活成一个笑脸表情包不是我们的目标。通过了解利用情绪的工作方式以及它们发出的信号，你将学会：（a）成为一个积极的参与者，利用来自积极情绪的机会；（b）找到方法来增加积极情绪事例的数量和持续时间；（c）成为社区中的好公民。

这项训练是你的工具，能帮助你积极参与自己的情绪生活……事实上，积极情绪在情绪系统中至关重要：正是通过培养积极情绪，我们才能学习、成长、走向丰盛。请注意，这并不是对遥远的"幸福"概念的追求，而只是简单地培养不同类型的瞬间的积极情绪，这能引导你走向成功。

积极情绪：资源建设者

利用积极情绪的关键是把它们看作是"资源建设者"。请回想一个情境（可能发生在今天，也可能发生在上周），你当时清楚地感到了自豪、感激、快乐、满足、兴趣和希望等积极情绪之一。回忆起那个事件的一些细节之后，给它起个名字（例如"畅想未来"），并指明它是哪种情绪。

现在你已经有了一个例子，再回到你所知的关于情绪的知识中。这种感受（情绪）对你有两种作用，一是引起注意，二是协调反应。积极情绪会引导你发现那些已经发生或将要发生的好事，也就是说，与你的目标是一致的。这些可以被认为是建立资源的机会，比如说觉得感兴趣或受到启发，或者感觉某人特别和善。

看几个例子吧。

• 如果你感到很钦佩某个人，那就意味着你认为他做了一些展示高超技能或天赋的事情。作为一个成功的典范（至少在这个领域），如果你关注这个人，你可能会发现他是如何运用这项技能的。这样做肯定会节省大量的试错时间。你的钦佩提醒你，机会来了，有可能会快速学到一项有价值的技能。

• 如果你感到非常高兴，那就意味着你已经得到了（或正在得到）你想要的东西。也许你升职了，或是生了第一个孩子，或是和好朋友一起享用了晚餐。喜悦代表一种满足的状态，它提供了成长的机会。在那一刻，你不再担心其他事情，而是感到安全和放松。你的喜悦提醒你有机会获得新的体验。

• 如果你感到骄傲，那就意味着你相信自己展示了一些有价值的技能或天赋。骄傲会带来坏名声，因为过犹不及。过度骄傲可能会冲昏你的头脑，让你变得自吹自擂、狂妄自大。然而，适度的骄傲会提醒你注意自己的技能和天赋，让你获得良好的自我感觉，为未来的成功做好准备。

• 最后，如果你感到感激，那就意味着你认为某人表明了他关心你，将来也会继续关心你。感激让你有机会巩固与关心自己的人的关系。

综上所述，积极情绪非常有用，然而，我们得暂停一下，看清这样一个事实：人们往往不知道自己内心有这样的力量。你拥有内在的力量，能够发现是什么激励了你，是什么让你发笑，是什么给了你希望，是什么培养了那些情绪……这股力量可以帮助你优化生活，为自己创造真正积极的时刻。不要低估这样做的好处。这些时刻可以帮你建立个人和社会资源，以备未来运用。此外，情绪的积极影响可以传播给其他人。当你变得更快乐，对自己的生活和生活中的事情更满意时，你就有更多的东西可以给予别人。

家庭健康模块

现在，几乎所有的美国士兵都有手机、互联网和网络摄像头。这意味着他们可以随时联系家里。因此，即使在战区，士兵们也能享受舒适的家庭生活，但同时也要忍受不幸家庭的困扰。这些困扰是士兵患抑郁症、创伤后应激障碍和自杀的重要原因。美军士兵在战争中后期自杀的大多数原因是与配偶或伴侣的关系失败。

约翰·戈特曼和朱莉·戈特曼夫妇是当今美国最杰出的婚姻心理学家，他们同意为士兵健康跟踪系统项目创建家庭健康模块。以下是他们的报告：

战区的战斗压力诊所发现，在战争中，自杀和杀人意念出现之前所发生的重大关键事件是紧张的关系问题。我们收集到的关键事件包括：在激烈争吵中挂掉电话；在家里争夺控制权和其他权利；使双方感到被遗弃、孤独和疏远的交流；伴侣之间无法像好朋友一样进行支持性对话；无法在孩子非常想念父母时，跟孩子好好交流；一方或双方威胁要求分手；重大的周期性的信任危机和背叛。网络色情影片乃至服务，可以为士兵提供暂时的自慰满足，然而，对于他们在老家的伴侣，这又是一个重大的问题。信任和背叛是士兵和伴侣争吵的重要主题。

戈特曼夫妇的模块教士兵如何处理婚姻和伴侣关系，在此之前，他们已经在平民社会验证过这些技能，具体包括：建立和维持信任与安全感；建立和维持友谊和亲密关系；提升信任和忠诚度；能够进行支持性的电话交谈；建设性地、温和地处理冲突；避免冲突升级导致暴力；能够进行认知性的自我安慰；控制和管理生理和认知上的危机；抚慰伴侣；管理伴侣关系外部的压力；处理和治愈背叛；通过亲密关系将创伤后应激障碍转化为创伤后成长；创造和维持共同的人生意义；与每个孩子建立并保持积极的关系；对孩子实行有效的管教；指导每个孩子的学习；支持孩子形成健康的同伴关系；摆脱不健康关系的技巧，如了解不健康关系的迹象；寻求家人和朋友的支持；有必要时寻求专业支持；如果夫妻分手了，使孩子们免受负面影响；为孩子和自己做出新的关系选择。

社会健康模块

如果一个部落中许多成员都具有高度的爱国之心、忠诚、服从、拥有勇气和同情心，随时准备互相帮助，为共同利益而牺牲自己，他们就能战胜大多数其他部落。这就是自然选择。

——查尔斯·达尔文

芝加哥大学心理学教授约翰·卡奇奥波是美国顶尖的社会心理学家、神经科学家，也是世界上最重要的孤独研究专家。正是通过他的研究，孤独对精神和身体健康的灾难性影响才开始清晰起来——孤独的影响甚至比抑郁还要明显。在一个过度重视隐私的社会里，他的研究致力于呼吁保持孤独的个体和繁荣的社区之间的平衡。约翰同意用他的研究来改善士兵的全面健康，从而创建在线社会健康模块，他将之称为"社会弹性"（Social Resilience）。

社会弹性是"培养、投入和维持积极的社会关系的能力，以及承受压力和社会孤立并从中恢复的能力"。它是将群体团结在一起的黏合剂，提供了比孤独个体更宏大的目标，允许整个群体团结起来迎接挑战。

近 50 年来，在进化论中，认为人类的本质是无情、自私的观念已经成为一种时尚。理查德·道金斯（Richard Dawkins）1976 年的著作《自私的基因》（*The Selfish Gene*）集中阐述了这样一种教条：自然选择的优胜劣汰是通过孤独的个体进行的，只要这个个体的生存能力和繁殖能力足够优越，就能将其他竞争个体挤出基因库。个体选择可以很好地解释动机和行为，但是对于坚信基因自私的学者，利他主义是个难以逾越的障碍。他们的解释是"亲属利他主义"假设：你与某个人的共同基因越多，你就越有可能帮助他。你也许可以为自己的同卵双胞胎手足牺牲生命，但对基因不完全相同的兄弟姐妹或父母，牺牲生命就没那么容易了，为远亲就更难了，为陌生人则压根不可能。

这一晦涩的论点无法解释普通的利他主义（事实上，帮助别人是最令人开心的事情）和英雄的利他主义（例如，"二战"期间，在德国占领的欧洲国家里，有些基督徒把犹太人藏在家里的阁楼上）。对陌生人的利他主义是如此普遍，以至于达彻·凯尔特纳（Dacher Keltner）在他那本让人大开眼界的书中宣称，"人性本善"。

达尔文认为，还有一种进化压力——群体选择。他假设，如果一个群体（由基因上不相关的个体组成）比其他竞争群体存活能力或繁殖能力强，那么获胜群体的整个基因库将成倍增加。因此，想象一下，合作，以及包括爱、感激、钦佩和宽恕等合作性的蜂巢情感，会给整个群体带来生存的优势。合作的群体当然比不合作的群体更容易击败猛兽。合作的群体可以在战斗中形成"乌龟阵"，这是一种罗马式的进攻阵形，虽然会牺牲外侧的人，但很容易打败一群自私的士兵。合作的群体可以创造农业、城镇、科技和音乐（唱歌、齐步走和欢笑都可以协调群体）。如果合作和利他主义是有遗传基础的，那么整个群体将比缺乏合作和利他主义的群体更容易将基因传递下去。戴维·斯隆·威尔逊和埃蒙德·Q.威尔逊（两人虽然同姓，但没有血缘关系）是群体选择的有力倡导者，他们请我们想一想不起眼的鸡。

如何选择母鸡来最大限度地提高产蛋量？自私的基因理论告诉农民，要挑选出第一代产蛋最多的母鸡，进行繁殖，饲养它们生出的小鸡，再挑选其中产蛋多的母鸡，如是重复几代。根据这个方案，到了第六代，产蛋量应该提高了，对吗？错了！到了第六代，如果仍然使用这个方案，那么产蛋量几乎为零，因为大多数母鸡都被侵略性强、产蛋量超高的竞争对手挠死了。

母鸡有社会性，它们生活在鸡群里，因此，群体选择理论提出了另一种提高产蛋量的方法，那就是繁殖在每一代中产蛋最多的鸡群。使用这种方法，产蛋量确实会大增。同样的自然选择逻辑似乎也适用于社会性昆虫。这些非常成功的物种（有一半昆虫是社会性的）有工厂、堡垒和通信系统，它们的进化更支持群体选择理论，而非个体选择理论。毫无疑问，人类也具有社会性，而且社会性就是我们的秘密武器。

在社会健康模块中，卡奇奥波强调，"人类的身体并不算强大。与其他物种相比，我们没有天然的武器、盔甲、力量以及飞行、隐身或速度的优势。使我们与其他动物区分开来的是推理、计划和合作能力。人类的生存取决于集体能力，我们与他人共同追求目标的能力，而不是个人的力量。因此，这个群体的凝聚力和社会弹性至关重要。相互理解、沟通良好、有凝聚力、相互喜爱、合作愉快、求同存异、能为彼此冒险的战士，最有可能生存下来并获得胜利。"

社会健康模块强调共情，即能够识别其他士兵感受到的情绪。首先，士兵要学习镜像神经元的知识，将自己经历痛苦时的大脑活动与观察到的另一个人处于痛苦时的镜像神经元大脑活动进行对比。二者是相似的，但并不完全相同，它让士兵能够感同身受，但也能分辨出自己的痛苦和别人的痛苦之间的区别。然后给士兵看照片，让他们练习如何准确识别他人情绪。本课程强调种族和文化多样性。在军队中，多样性有着悠久的历史，它是军队力量的支柱，而不仅仅是一个方便的政治口号。

社会健康模块的另一个核心主题是关于情绪传染的重要新发现。50 多年前，马萨诸塞州弗雷明翰市的 5000 多名居民接受了身体健康调查。随后，以这一群体中心血管疾病为主要研究对象的追踪调查持续了整整半个世纪。这项研究让我们了解了高血压和胆固醇对心脏的危害。由于这些追踪调查非常细致，心脏病领域以外的研究人员也开始对这组数据进行钻研。

除了生理数据，还有一些心理方面的项目（悲伤、幸福、孤独等）也得到了多次调查。由于每所住宅的实际位置都是已知的，研究人员能够据此画出一个情绪"社会分布图"——描述地理位置的接近对未来情绪的影响。离孤独的人越近，就越容易感到孤独。离抑郁症患者越近，就越容易患上抑郁症。不过，最值得关注的是幸福感——幸福的传染性高于孤独和抑郁，作用还可以突破时间的限制。如果 A 的幸福感在时间 1 上升，住在隔壁的 B 的幸福感会在时间 2 上升，而隔了两户的 C 的幸福感也上升了，只是上升幅度要小一些。就连隔了三户的 D 也会享受到更多的幸福。

这对军队的士气和领导力有重大影响。从消极的方面来看，这意味着几个悲伤、孤独或愤怒的人会破坏整个群体的士气。指挥官们当然都知道这一点。但好消息是，积极的士气影响力更为强大，可以提升整个群体的福祉和表现。这使幸福感的培养——领导能力中被严重忽视的一面——变得重要起来，或许至关重要。

我在荷兰一次太空心理学家会议上向欧洲航天局提出了这一点，这次会议计划于 2020 年进行欧洲火星任务。太空心理学家习惯性地关注如何减少太空中的消极情绪，解决自杀、谋杀、恐惧和哗变。他们会随时准备好，在地面上等着宇航员遇到情绪问题，然后出谋划策。我们听说，有一位美国宇航员因为反复要求修理音乐播放器而没能成功，愤怒地关闭了几个轨道的通信，几乎中断了整个地球轨道的任务。然而，心理学家们只能坐在诺德韦克或休斯敦的任务控制中心，无法提供太多帮助，因为火星离地球太远，通信有 90 分钟的延迟。

> 宇航员："那个该死的队长！我要停掉他的氧气！"
>
> （90 分钟的延迟。）
>
> 休斯敦的心理学家："也许你应该批判性地思考一下，队长是不是真的侵犯了你所珍视的某些权利。"
>
> 任务控制中心："队长。队长……在吗？队长！"

对抗消极情绪很重要。在太空中，唯一的手段可能是预装程序（"如果感到愤怒请按 1，如果感到焦虑请按 2，如果感到绝望请按 3"）。但在我看来，太空中的幸福感几乎同样重要。本书的主旨是，最佳表现与福祉紧密相连；士气越高，表现就越好。这意味着在太空中培养幸福感（如打扑克、建立心流、交朋友、目标感和成就感）非常重要，特别是在执行长达 3 年的任务中，幸福感更是决定成败的关键。糟糕的是，目前 6 名宇航员的选择并不取决于相互之间的心理相容性，而取决于政治：民族、种族和性别要保持平衡。

说起来有些不好意思，我提出了这么一个话题，在离地球 3 年之遥的太空中，6 位睾酮很高的男女生活在一起，令人满意且有约束力的性行为是很重要的。性方面的相容性似乎相当重要。大家都不敢提这个问题，但至少在诺德韦克（距离阿姆斯特丹只有 1 小时车程）[1]，这是个可以讨论的话题。他们把这个问题命名为"塞利格曼问题"，然后展开了详细的讨论。我们清楚地知道，南极探险、喜马拉雅登山和俄罗斯的太空任务都曾毁于性冲突。那该怎么办呢？什么样的性应该得到认可？什么样的性应该被禁止？要选择什么样的性取向？群交、同性恋、双性恋、一夫一妻，还是无性？我没有听到任何能解决"塞利格曼问题"的办法，毕竟这不符合当下流行的政治平衡原则，他们根本不考虑脖子以下可能发生的事。但至少欧洲人现在开始考虑这个问题了，将"太空福祉"问题排进了训练表。

新的数据发现积极的士气具有感染力，所以，军队中的正确领导至关重要。20 年前，凯伦·雷维奇和我想尝试预测 NBA 的哪些球队会从失败中恢复过来，哪些球队会崩溃。为了做到这一点，我们收集了整个赛季所有球队成员在体育版上的言论，然后我们把每一句话都记下来，在不知道发言者的前提下为言论的乐观性和悲观性评分（例如，"我们打得糟透了，所以输了"，评为 7 分悲观，而"垃圾裁判乱判罚，导致我们输了"，评为 7 分乐观）。然后我们得到了球队的平均分，并试图预测每支球队在下个赛季失利后的表现。拉斯维加斯的赌球专家会预测每场比赛双方的得分差异，将这一数值称为"积分差"。在下个赛季，正如我们预测的那样，波士顿凯尔特人队（一支乐观的球队）总能在失败后的下一场缩小积分差，而费城 76 人队（一支悲观的球队）在失利后总会进一步拉大积分差。失败后，乐观的球队表现得比预期的要好；悲观的球队则表现得比预期的更差。

要提取并评价整个赛季每个球员在报纸上的每一句话，这是一项非常艰苦的工作。即使对最敬业的科学家或赌徒来说，也真的太累了。事后，我们决定只看教练的语录。果然，教练的乐观情绪和整个球队的乐观情绪一样，都能预测球队的恢复能力。也许我们早就应该猜到，但现在可以确信了，幸

1　指阿姆斯特丹的性思想较为开放。——译者注

福具有感染性，领导者能发挥强大的作用。因此，在军队中，选择积极的军官，提升军官的福祉，就显得尤为重要。

精神健康模块

CSF 的精神健康模块有两个基本原理。第一，确定了军队确实希望士兵心中有更高的道德秩序，通过强化士兵的道德伦理价值观，使军队即使在遇到棘手的道德困境时，也能执行符合道德的行动。第二，有相当多的证据表明，精神健康水平越高，越可能提升福祉、减少精神疾病、减少药物滥用和加强婚姻稳定，当然，还能提升军事表现。当人们面临诸如战斗等重大逆境时，这一优势表现得尤为突出。

美国宪法第一修正案禁止政府建立国教，因此在这个模块中，精神健康与神学无关，而是基于人性。它在宗教和世俗之间保持中立，支持并鼓励士兵寻找真理、自我、正确的行动和人生目标，从而建立根植于归属感、超越自己的目标感的人生准则。

博林格林州立大学心理学教授肯·帕加门特和西点军校的行为科学与领导力教授帕特·斯威尼上校设计了这个模块。它聚焦于士兵的"精神核心"，包括自我意识、自我能动感、自我调节、自我激励和社会意识。

自我意识包括反思和反省，以洞察生命中紧迫的问题。这些问题涉及身份、目的、意义、世界真相、真实自我、创造有价值的人生、实现自己的潜能……

自我能动感是指个体在不断发展自己精神的过程中所承担的责任。它要求人们接受自己的缺点和不完美，认识到人生的主要创造者是自己……

自我调节包括理解和控制自己的情绪、思想和行为的能力……

关于人类精神的自我激励，意味着期望个人的道路可以引导、实现自己最深切的愿望……

社会意识是指认识到人际关系对人类精神发展的重要作用……尤其要认识到，别人有权持有与自己不同的价值观、信仰和习俗，而我们必须在不放弃自己信仰的同时，对他人的不同观点表现出应有的体谅和开放态度。

该模块包括三个不同难度的层次。第一层，为一位逝去的朋友写一篇悼词，强调这位朋友的价值观和人生目标。这是一个交互的过程，士兵们也会为自己创作类似的悼词，指出自己的优势，强调自己精神核心的价值观。第二层，通过互动的场景故事，面对道德困境。在这些故事中，精神斗争的结果会导致人的成长或衰退。第三层，帮助士兵找到与其他人、其他文化的价值观和信仰之间更深层的联系。介绍士兵认识不同背景的人，与他们进行互动，发现彼此的生活经历和价值观上的共同点。

上述四个模块都是选修课，士兵们可以根据自己的情况选择基本版和更高级的版本。不过，有一个模块极为重要，每个士兵都需要它，那就是关于创伤后应激障碍和创伤后成长的内容。

将创伤转变为成长

"这个想法非常棒，塞利格曼博士，"戴维·彼得雷乌斯（David Petraeus）将军说，"要多关注创伤后成长，而不仅仅是聚焦于治疗创伤后应激障碍；要更多地培养他们的优势，而不是弥补他们的缺点。"当时，我刚刚向凯西将军属下的 12 位四星将军简要介绍了心理弹性训练及其对士兵战斗反应的影响。

所以，先来了解一下创伤后应激障碍吧，这是创建 CSF 项目的基本理由之一。之后你会理解，为什么我会对这些四星将军说，聚焦于创伤后应激障碍会因小失大。

创伤后应激障碍

炮弹休克和战斗疲劳是源于两次世界大战的精神病学诊断。然而，现代人对战争造成的心理伤害的思考不是从战争开始的，而是源于一场洪水。1972 年 2 月 26 日清晨，西弗吉尼亚州煤矿区布法罗河上的大坝坍塌，几秒钟内，1.32 亿仑充满污泥的黑水呼啸而下，轰然落在阿巴拉契亚山脉下的居民区。著名心理学家埃里克·埃里克森的儿子凯·埃里克森（Kai Erikson）写了一本关于这场灾难的里程碑式的著作《荡然无存》（*Everything in Its Path*）。这本书出版于 1976 年，是人们开始思考创伤的拐点。埃里克森在这本书中写的一些内容很快就被纳入美国精神病学协会的《精神疾病诊断与统计手册》

（*Diagnostic and Statistical Manual*）第三版，成了创伤后应激障碍的诊断标准，并立即被随意地（有人说是"杂乱无章地"）应用于退伍军人。以下是布法罗河幸存者的口述，来自埃里克森的记录。

威尔伯、他的妻子德博拉和他们的四个孩子都设法活了下来。

不知什么原因，我打开了里面的门，抬头看了看路——它来了。那就像一大片乌云，看起来水有四五米深……

邻居的房子被冲进了河里，一路被冲到我们住的地方了……事情发展得不快，但我妻子带着孩子还在睡觉——当时我女儿才7岁，其他孩子也在楼上睡觉。我提高声音大叫，想立即引起妻子的注意……我也不知道她是怎么让孩子们这么快下楼的，她穿着拖鞋跑上楼，把孩子们全都叫醒，然后下楼……

我们沿着这条路往前走……妻子和几个孩子上了铁路缆车，我抱着7岁的女儿在他们下面走，因为我们没有太多的时间……我环顾四周，发现我们的房子不见了。它没有被彻底冲走，而是撞向了四五户人家，把一切都变成了废墟。

灾难过去2年后，威尔伯和德博拉描述了心理创伤，表现出了创伤后应激障碍的典型症状。首先，威尔伯在梦中反复重温创伤：

我在布法罗河所经历的一切是问题的根源。晚上休息的时候，这一切会在我的梦里发生。在梦里，我一直在水里奔跑，一直跑。整件事在我的梦里一遍又一遍发生……

其次，威尔伯和德博拉在心理上变得麻木。情绪反应变得迟钝，在情感上对周围世界的悲欢离合感到很麻木。威尔伯说：

父亲去世的时候（洪水过后 1 年左右），我甚至都没去墓地。我并没有意识到，他永远走了。现在，身边的人去世，不像灾难前那样困扰我了……我父亲死了，再也不会回来了，竟然没有给我带来什么感觉。我对死亡之类的事情没有以前那种感觉了，这些事不会像以前那样影响我了。

德博拉说：

我忽略了孩子们。我完全不做饭了，也不做家务。我什么也不做，睡不着，吃不下。我只想吃一大把药，然后上床睡觉，再也不醒来了。我喜欢我的家和家人，但在他们之外，对我来说，生活中所有曾经喜欢的东西都被摧毁了。我以前喜欢做饭，喜欢缝纫，喜欢收拾屋子。我一直在努力让家里变得更温馨。但现在的我变了，这些东西对我来说没有任何意义。我已经快三个星期没给孩子们做一顿热饭了。

最后，威尔伯出现了焦虑症状，对任何让他想起洪水的事件都会过度警觉和恐惧，比如下雨、即将到来的坏天气。

我听新闻，如果有暴风雨警报，我那天晚上都不会睡觉，就坐在那儿。我告诉妻子，"不要给孩子们脱衣服，让他们穿着衣服躺下睡觉，然后如果我看到有什么情况，就会有足够的时间叫醒你们，赶紧离开屋子。"我自己则不睡觉，整夜醒着。

我的神经出了问题。每次下雨，尤其是暴风雨，我都受不了。我像热锅上的蚂蚁一样，紧张得突然起了一身疹子，最近正在治疗……

威尔伯也出现了幸存者的负罪感：

当时，我听到有人对我喊叫，我环顾四周，看到了康斯特布尔太太。她怀里抱着一个小婴儿，大声喊道："嘿，威尔伯，过来帮帮我！如果你帮不了我，请救救我的孩子！"……但我没有考虑回去帮助她。为此我一直很自责。她怀里抱着孩子，看上去好像要把他扔给我似的。我从没想过要去帮那个女人。我在想我自己的家人。结果他们一家六口都在那个房子里淹死了。她当时站在齐腰深的水里，后来他们都淹死了。

1980 年，第三版《精神疾病诊断与统计手册》将这些症状正式采纳为一种精神障碍。以下是第四版《精神疾病诊断与统计手册》诊断 PTSD 病例的标准：

A. 经历了创伤性事件。

B. 该创伤事件被不断反复体验。

C. 持续回避与创伤相关的刺激，通常的反应是麻木。

D. 持续的过度唤醒症状。

E. 困扰的持续时间（标准 B、C 和 D 的症状）超过一个月。

F. 困扰引起了在临床上显著的痛苦，或造成了社交、职业或其他重要领域的功能损害。

还有一个重要的限定标准，那就是在创伤之前不存在以上症状。

"创伤后应激障碍"这个名词是在越南战争结束时提出的，并立即得到广泛应用。以下是战争中创伤后应激障碍的综合病例：

K 先生是一名 38 岁的国民警卫队士兵，他曾在伊拉克的逊尼派三角地带服役 12 个月，这是他在 10 年的国民警卫队服役中第一次接触到了战斗。随后，他回到家中，几个月后在一家精神病诊所接受了评估。此前，他曾是一名优秀的汽车销售员，婚姻幸福，有两个孩子，一个 10 岁，另一个 12 岁。在社交方面，他性格开朗，有很多朋友，积极参加社区和教会活动。在伊拉克期间，他经历了大量战斗。他所在的排遭到猛烈炮击，多次遭到伏击，经常有战友死伤。有一次，他搭乘巡逻队的车，路边炸弹炸毁了车辆，炸伤或炸死了与他关系密切的人。他杀了一些敌人，但还是觉得自己应该对平民旁观者的死亡负有责任。他责怪自己没能阻止最好的朋友被狙击手打死。被问及战场上最糟糕的时刻时，他毫不犹豫地说，在一次特别血腥的袭击中，他眼睁睁地看着一群伊拉克妇女和儿童在交火中丧生，自己却无能为力。

回到家后，他一直焦虑、易怒，大部分时间都紧张不安。他开始全神贯注于对家人人身安全的担忧，总是随身带着一把 9 毫米口径的手枪，晚上则放在枕头下。他入睡困难，哪怕睡着了，也总会被生动的噩梦折磨。在噩梦中，他会痛打、踢妻子，或者跳下床开灯。孩子们抱怨他过分保护自己，不让他们离开他的视线。妻子说，他回来后，两人的感情日益疏远。她还认为，开车载他已经变得很危险，因为他有时会突然伸手抓住方向盘，觉得自己看到了路边炸弹。朋友们已经厌倦了邀请他参加社交聚会，因为他一直拒绝所有的聚会邀请。他的老板原本一直耐心地支持他，但现在也说他的工作受到了巨大的影响，他似乎全神贯注于自己的想法，很容易对客户生气，经常犯错，业绩表现也不行，而曾经的他是一名顶级销售员。K 先生承认，战争之后，他已经改变了。他报告说，他有时会经历强烈的恐惧、恐慌、内疚和绝望，有时他会感到自己的情感已经死了，无法回报家人和朋友的爱和温暖。活着成了可怕的负担。尽管他并没有主动自杀，但他报告说，他有时认为，如果自己死在伊拉克，每个人都会过得更好。

创伤后应激障碍的诊断一直是军队医疗队的主要任务，据说有多达 20% 的士兵患有此病，而这正是将军们邀请我共进午餐的原因。

我告诉将军们，人类对严酷逆境的反应呈钟形分布。在极度脆弱的一端，结果就是病理性的：抑郁、焦虑、药物滥用、自杀，以及现在被官方诊断手册称为创伤后应激障碍的东西。每个去过战场上的士兵都听说过创伤后应激障碍。但是人类已经经历了几千年的创伤，对严酷逆境的常见反应是恢复——先恢复到有相对短暂的抑郁、焦虑，然后恢复到从前的功能水平。

在西点军校，90% 以上的学员听说过创伤后应激障碍——但其实这种疾病在现实中是比较少见的；只有不到 10% 的学员听说过创伤后成长——这才是现实中更常见的情况。在这里，医学上的文盲反而是好事。如果一个士兵只知道创伤后应激障碍，而不知道心理弹性和成长能力，就会造成自我实现的螺旋式下降。你的朋友昨天在战场上被杀了。今天你哭了，你想，"我要崩溃了，我有创伤后应激障碍，我的人生毁了"。这些想法增加了焦虑和抑郁的症状。事实上，创伤后应激障碍是焦虑和抑郁的特别糟糕的组合，反过来又增加了症状的强度。只要我们知道，流泪并不是创伤后应激障碍的症状，而是正常的悲伤和哀悼，过段时间通常可以恢复，就有助于阻止这种螺旋式下降。

灾难化思维和相信自己患有创伤后应激障碍，会导致自我实现的螺旋式下降，从而增加创伤后应激障碍的可能性。一开始就灾难化思维的人更容易患上创伤后应激障碍。一项研究跟踪调查了 5410 名士兵从 2002 年到 2006 年的军旅生涯，在这 5 年中，395 人被诊断为创伤后应激障碍。他们中有一半以上的人从一开始就处于心理和身体健康的后 15%。这是整个创伤后应激障碍文献中最可靠、引用最少的事实：一开始状态不好的人比心理健康的人患创伤后应激障碍的风险要大得多。因此，我们完全可以将创伤后应激障碍视为焦虑和抑郁症状的恶化，而不是另一种心理疾病。正是这些发现支持了 CSF 心理弹性训练的一个基本原理（见下文）：在战斗前增强士兵的心理素质，可以预防创伤后应激障碍。

在这里，我必须当一次坏人。洪灾灾民起诉大坝的所有者皮特斯顿公司，要求赔偿 10 多亿美元。虽然文献表明灾民们并没有装病，但在我看来，这么多钱可以导致他们夸大症状，也可能导致症状持续时间变长。他们最终打赢了官司，所以我们永远也不知道经济激励的效具如何。不幸的是，同样的事情正在军队中发生。如果一位退伍军人确诊为严重的创伤后应激障碍，在其余生中，每月可以拿到约 3000 美元的伤残补助金。一旦他们找到有报酬的工作或症状缓解，补助金就会停发。得到诊断并开始获取补助金的退伍军人里，82% 的人不会回来接受治疗。我们不知道，这种实质性的激励对战争中的创伤后应激障碍诊断有什么影响，但伊拉克和阿富汗战争报告中的 20% 的发病率远远高于以往战争。或者说，远远高于没有将创伤后应激障碍视为残疾进行补偿的军队。从伊拉克和阿富汗归来的英国士兵，创伤后应激障碍的发病率为 4%。我梳理了南北战争时期的著作，发现在那个可怕的时代，几乎没有创伤后应激障碍或类似的症状记载。

撇开怀疑不谈，我想明确地说，我确信存在核心的创伤后应激障碍。我不认为创伤后应激障碍是装病，但我怀疑有些人被过度诊断了。我相信，相对于以感恩和金钱方式给予退伍老兵补偿而言，社会还是亏欠了他们。然而，我不认为这种感激应该通过残疾诊断和剥夺退伍军人尊严的制度来实现。

创伤后成长

永远不能忘记的是创伤后成长（Post-Traumatic Growth, PTG）。相当一部分人在经历极端逆境后会表现出强烈的抑郁和焦虑，达到创伤后应激障碍的程度，但随后他们会从中成长。

几年前，我和克里斯·彼得森、朴兰淑给"真实的幸福"网站 www.authentichappiness.org 加了一个链接。新的调查问卷列出了一个人一生中可能发生的 15 件极其糟糕的事情：酷刑、重病、孩子夭折、强奸、监禁等。在一个月内，1700 人报告说，自己至少经历过其中 1 件可怕的事情。这些人也参加了我们的福祉测试。令人惊讶的是，经历过 1 件可怕事情的人比没有经历过的人有更强的优势（因此福祉也更高）。经历过 2 件可怕事情的人比经历过 1 件可怕事情的人更坚强，而经历过 3 件可怕事情的人又比经历过 2 件的人更坚强。

朗达·科纳姆准将是创伤后成长的典范。1991 年，我曾读过朗达的故事，那时她是一名少校，被萨达姆·侯赛因军队俘虏。科纳姆是泌尿科医生、生物化学博士、飞行外科医生、喷气式飞机和民用直升机驾驶员，在伊拉克沙漠上空执行救援任务时，她的直升机被敌人的炮火击中。坠机过程中，尾桁被炸飞了，飞机上共有 8 人，只有 3 人幸存。

朗达的双臂和一条腿骨折，被俘虏了。她遭到了性侵犯和残忍对待。8 天后她被释放。她描述了创伤经历之后的影响：

· 关于病人："我觉得自己比以前更适合担任军医和外科医生了。我对病人的关心不再停留在学术层面。"

· 个人力量："我觉得自己更有能力成为一名领导者和指挥官。有了战俘经历打底，现在的我面对挑战时不再那么容易焦虑和恐惧。"

· 对家人的态度："我成了更好、更细心的母亲和妻子。我努力记住家人的生日，常去看望祖父母，等等。毫无疑问，差点失去他们，让我更懂得珍惜。"

· 精神上的改变："灵魂出窍的体验改变了我的看法。现在，除了对物质生命，我对精神生命的可能性至少持开放态度。"

· 优先级："我还是把生活分成 A、B 和 C 三个优先级，但现在，我对判断什么事情属于 C 级变得更谨慎了。（女儿的足球赛我全都会去看！）"

我曾亲眼见过这位准将。2009 年 8 月，在我们都要发表演讲的大礼堂中，她走进来时，1200 名少校和上校都为她起立鼓掌。作为 CSF 的总负责人，朗达对创伤后成长这一模块的兴趣不仅仅是因为专业。

创伤后成长的过程

她招募了两位心理学教授来负责创伤后成长模块：来自北卡罗来纳大学夏洛特分校的 PTG 领域学术领袖理查德·泰德斯基，以及哈佛大学的理查德·麦克纳利。该模块从古老的智慧出发，认为个人转变的特点是：重新认识活着的意义、增强个人力量、应对新的可能性、改善人际关系和精神世界的深化，所有这些往往都发生在悲剧之后。有数据可以支持这一点，仅举一个例子，在战争中被囚禁、折磨多年的飞行员里，61.1% 的人说，他们在心理上受益于受到的折磨。更重要的是，受到的折磨越严重，创伤后的成长就越显著。这并不是说我们应该为创伤本身而欢庆，而是指我们应该充分利用创伤能为成长创造条件这一事实，教育我们的士兵在什么条件下最有可能获得这种成长。

创伤后生长量表

泰德斯基博士使用创伤后生长量表（Post-Traumatic Growth Inventory, PTGI）来衡量这种现象。以下是一些问题示例。

评分标准如下：

0= 我没有因为危机而经历这种变化。

1= 由于危机，我发生了极为微小的这种变化。

2= 由于危机，我发生了较小程度的这种变化。

3= 由于危机，我发生了中等程度的这种变化。

4= 由于危机，我发生了很大程度的这种变化。

5= 由于危机，我发生了极大程度的这种变化。

□我更欣赏自己生命的价值。

□我对精神世界有了更好的理解。

□ 我为自己的人生开辟了一条新路。

□ 我与他人有了更多的亲近感。

□ 这带来了原本不存在的新机会。

□ 我在人际关系上投入了更多的精力。

□ 我发现我比想象中更坚强。

本模块以互动的方式向士兵传授了五种已知有助于创伤后成长的元素。第一个要素是理解对创伤本身的反应，那就是关于自我、他人和未来的信念破灭了。我想强调的是，这是对创伤的正常反应，而不是创伤后应激障碍的症状，也不是性格缺陷。第二个要素是减少焦虑，它包括教授控制强迫性思维和强迫性图像的技术。第三个要素是建设性的自我表露。压抑创伤可能导致生理和心理症状的恶化，因此要鼓励士兵讲述创伤的故事。这就引出了第四个要素：进行创伤叙事。我们引导士兵叙事，帮他们将创伤视为人生的一个岔路口，在这里，有得有失，有悲伤也有感激，有脆弱也有力量。然后，详细描述创伤如何召唤个人的力量，如何改善人际关系，如何强化精神生活，如何让自己变得更加珍惜生命，以及如何打开新的大门。第五个要素，总结那些更能应对挑战的人生原则和立场，其中包括利他主义的新方式；接受成长，不因是幸存者而感到内疚；塑造创伤幸存者或慈悲者的新身份；像那位希腊英雄一样，从地狱归来，告诉世人应该如何生活。

心理弹性训练

CSF 的前两个组成部分是 GAT 和五个在线课程。然而，真正的挑战在于训练。军队能否像训练体能一样，训练士兵的心理健康？在 2008 年 11 月的会议上，凯西将军命令我们在 60 天后回来报告。60 天后，我们回到五角大楼，和他共进午餐。

朗达将军对凯西将军说:"我们开发了一种测试方法来测量心理健康状况,长官。这个测试只需要 20 分钟,由顶尖的民用和军用测试专家共同创造。现在,我们正带着几千名士兵进行试用。"

"进展很快,将军。你和马丁下一步想做什么?"

"我们想做一个关于心理弹性训练的试验性研究。"朗达和我已经详细计划了如何回答这个问题,"马丁在他关于积极教育的工作中表明,通过教普通学校的教师,能够有效地训练青少年的心理弹性,从而减少学生的抑郁和焦虑。军队里的教师是谁?当然是中士们。(我心想:天哪,要训练中士!)所以我们想做一项概念验证研究,随机抽取 100 名中士,在宾夕法尼亚大学上 10 天的心理弹性训练课,将他们作为老师来培养。随后,请这些中士训练麾下士兵的心理弹性。然后我们可以将这 2000 名士兵与对照组进行比较。"

"等等,"凯西将军大喊,"我不想做试点研究。我们研究过马丁的工作,他们已经发表了十几个重复的研究。我们已经很满意了,我们认为它一定能预防抑郁、焦虑和创伤后应激障碍。这不是学术活动,我不想再做什么研究了。这是战争。将军,我希望你直接在全军进行推广。"

"但是,长官……"朗达温和地表示反对。她开始列举在整个军队推行所需的各种手续和预算,我的思绪又回到了 3 年前,与理查德·莱亚德在苏格兰格拉斯哥街头的一次难忘的谈话。

理查德是伦敦经济学院的世界一流经济学家。在中世纪的修道院里,修道院院长架起了世俗世界和神圣世界的桥梁。这就是理查德在英国政坛所扮演的角色,他将学术研究和现实政治斗争联系起来。他也是《幸福》(*Happiness*)一书的作者,这是一种激进的政治观点,他认为衡量政府政策的标准不应是国内生产总值(GDP)是否增长,而应是全面福祉是否增加。他和妻子莫莉·米切尔(Molly Meacher)是上议院仅有的两对夫妇议员之一,而且他们是靠自己的能力成为议员的,并不是靠家世。

在苏格兰信任与福祉中心(Centre for Confidence and Well-Being)开幕

式的间隙，理查德和我漫步在格拉斯哥一个破旧的街区。这个中心是一个准政府机构，旨在对抗据说是苏格兰教育和商业特有的"不能做"的态度。我们都是主讲人。

"马丁，"理查德用好听的伊顿口音说，"我读过你关于积极教育的著作，我想把它引入英国的学校。"

"谢谢你，理查德，"我说，很感激工党高层重视我们的工作，"我想我可以去利物浦选一所学校进行试点研究。"

"你没明白，是吗，马丁？"理查德说，声音有点尖刻，"你和大多数学者一样，迷信公共政策与证据的关系。你可能认为，当科学证据越来越多，到了令人信服、不可抗拒的程度时，议会就会采纳这个方案。但在我的整个政治生涯中，我从未见过这样的例子。只要证据充分又符合政治意愿，科学就会被纳入公共政策。我要告诉你们，积极教育的证据是充分的——正如我们经济学家所说的，足够'令人满意'了，而且白厅（英国政府）也有相应的政治意愿，所以我要把积极教育直接引入英国的学校。"

关于微观和宏观之间的神秘关系，这是我所听过最合理的陈述，对我来说真是醍醐灌顶。出于这个原因，我得强调，如果你是一个学者，完全可以不记得这本书的其他内容，但一定要记住莱亚德勋爵在格拉斯哥告诉我的这段话。在我的职业生涯中，最令人沮丧的经历是看到有大量实验室证据支持的优秀科学理念一次又一次地被抛弃在办公室的地板上，或者只是在图书馆里积灰。我想，这就是本书的核心所在——为什么积极心理学现在如此受大众和媒体欢迎。当然不是因为其证据不可否认。这门科学很新，而证据——虽然不是很少的话，但也远不是不可否认的。为什么这么多年来我疲惫不堪，四处向资助机构乞求基金，向他们阐述习得性无助，解释风格与抑郁、心血管疾病与悲观主义等一系列理念，却很难获得充分支持，而现在，慷慨大方的人不请自来，只是听我讲了一次积极心理学的课，就开出了大额支票？

当我从沉思中回来时，科纳姆将军正在提醒凯西将军所有预算和流程，以及完成这些流程要花多长时间。"长官，我们目前的心理计划——'战魂'（battlemind）花了 1 年多时间，才做完了 10 个步骤中的 6 个。"

"科纳姆将军，"凯西将军在会议结束时说，"你得让全军都参加心理弹性训练。开始行动吧。"

这就是意志的力量。

因此，科纳姆和我在 2009 年 2 月面临的问题是，如何迅速而广泛地推广心理弹性训练。我们还必须弄清楚，如何才能负责任地做到这一点，我们要在培训过程中随时修正轨迹，并跟踪其有效性，这样在最坏的情况下，如果培训不起作用，我们就可以立即终止。

我们开发的积极教育教师培训课程是为民用学校编写的。现在的第一步是针对中士及军队需求，重写所有训练材料。凯伦·雷维奇博士是宾夕法尼亚大学的头号培训师，也是积极心理学传播大师，她负责将材料"军事化"。在接下来的 8 个月里，凯伦及其团队会见了 100 多名从伊拉克和阿富汗退伍的军人，与他们一起逐字逐句地审阅了我们的培训材料。

我们的第一个大惊喜就来自这些谈话。我们认为民用的例子——比如被女朋友抛弃或者考试不及格——对士兵来说是无关紧要的。事实是我们错了。

"这是史上第一场有手机的战争，士兵可以从前线打电话给妻子。"科纳姆将军的主任参谋达里尔·威廉姆斯（Darryl Williams）上校说。他是一位身高超过 1.9 米的西点军校足球明星和伊拉克老兵，曾为克林顿总统保管核战争的密码箱。"那些简易爆炸装置已经够麻烦的了，但是为洗碗机和孩子们的成绩争吵更糟糕。士兵的抑郁和焦虑大多跟家里发生的事情有关，所以你的平民例子很适用，只需要再加上一些军队的例子就可以了。"

我们重新修改了这些例子，并于 2009 年 12 月全面开始了心理弹性培训师训练（Master Resilience Training, MRT）。现在，每个月都有 150 名中士来到宾夕法尼亚大学进行为期 8 天的训练，同时，我们为军事基地直播训练过程，那里驻扎了在宾夕法尼亚大学受过训练的培训助手。前 5 天，我们为中士们提供了第一手的经验来练习这些技能，以供他们作为士兵、领导者和家庭成员在生活中使用。在全体课程中，首席培训师凯伦·雷维奇博士介绍了核心内容，演示了各种技巧的使用，并组织了讨论。全体课程结束后，中士们将参加 30 人的分组讨论，通过角色扮演、工作表和小组讨论来练习所学知识。每个分组讨论有 1 名由凯伦培训的培训师和 4 名培训助手负责，其中 2 名助手是平民（大多数是 MAPP 硕士毕业生），2 名助手是军人（同样接受过凯伦的培训）。我们发现，5 名培训团队成员对 30 名学员，这个比例很好。

前 5 天过后，中士们得到了第二套材料（MRT 培训手册、MRT 士兵指南、PPT 演示稿），他们将来教授士兵时可以用这些材料。这 3 天里，中士们学习丰富的教学知识和技能，以便准确地将知识传递给士兵们，包括一系列的活动，例如：角色扮演，由 1 名中士扮演教师，另外 5 名中士扮演士兵；由 5 人组成的小组，提出具有挑战性的问题，必须由另一个 5 人小组回答；在 MRT 培训师领导的模拟课程中，找出教学错误和内容混乱之处；找到符合士兵实际情况的适当技能。

我们将培训内容分为三个部分：建立心理弹性、建立优势和建立牢固的人际关系。这些部分都是按照我们用来教平民教师的方案设计的，已经经过了充分验证。

建立心理弹性

这部分的主题是学习心理弹性的技巧。我们从艾伯特·艾利斯（Albert Ellis）的 ABCDE 模型开始：C（consequence, 情绪后果）不是直接来自 A（adversity, 逆境），而是来自 B（belief, 你对逆境的信念）。这一简单的事实令许多中士感到惊讶，改变了"逆境直接引发情绪"的普遍看法。中士们通过一系列的职业逆境（你在 5 公里赛跑中掉队了）和个人逆境（你从军中回来，儿子不想和你一起打篮球），学会了把逆境（A）和自己在情绪最激烈的时刻对自己说的话（B）以及随之产生的情绪或行动（C）分开。在这个技能课程结束时，中士们可以识别出驱动特定情绪的具体想法，例如，被侵犯的想法会产生愤怒，有关失去的想法会产生悲伤，有关危险的想法会产生焦虑。

然后我们聚焦于思维陷阱。我给你举个例子，为了说明过度概括（仅根据一件事判断一个人的价值或能力）的思维陷阱，我们提出这么一种场景："你部队的一个士兵在体能训练中很努力才能跟上，在别的时候也都很拖沓。他的制服看起来很邋遢，而且在炮兵训练中犯了几个错误。你跟自己说，他没救了！他根本不具备当兵的素质。"请中士们根据这个案例描述思维陷阱，并讨论它对士兵和中士本人的影响。

一名中士评论道："我不想承认，但我确实经常这样想。谁搞砸了，我就会放弃谁。我想我不太喜欢给他们第二次机会，因为我认为你可以通过一个人的行为来判断他的性格。如果那家伙性格坚定，就不会拖拖拉拉，制服也不会乱七八糟。"其他中士接着问："有什么具体的行为可以解释这种情况？"他们学会了聚焦于行为，而不是士兵的总体价值。

然后我们转向"冰山"，也就是一种根深蒂固的信念，往往会导致不正常的情绪反应（例如，"寻求帮助是软弱的表现"），他们学习了一种技巧，能识别"冰山"何时会导致不相称的情绪。一旦找到了"冰山"，他们会问自己一系列问题来确定这几点：（1）"冰山"对他们是否仍有意义；（2）"冰山"在给定的情况下是否准确；（3）"冰山"是否过于坚硬；（4）"冰山"是否有用。"寻求帮助是软弱的表现"这座"冰山"经常出现，危害很大，因为它会破坏寻求帮助、依赖他人的意愿。这座"冰山"需要中士们做大量的工作才能改变，因为多年来一贯如此，寻求帮助的士兵会感到耻辱，并且常常因为没有足够的力量处理自己的问题而受到嘲笑。

许多中士说，他们认为寻求帮助的文化在军队中逐步出现了。一位中士评论道："曾经有一段时间，每次看到有人去找心理顾问或牧师，我就会认为他是个蠢货。就算不当面骂他，肯定也会腹诽。现在的我有所改变。当兵多年，我开始明白了，我们每个人都时不时地需要帮助，只有强大的人才会主动寻求帮助。"

在"冰山"之后，我们要处理最小化灾难性思维的问题。我们是悲观的动物，自然会被最灾难化的逆境解释所吸引，因为我们是冰河时代幸存下来的生物的后代。那些认为"今天纽约天气不错，我相信明天会更好"的祖先，都死在冰里了。那些认为"今天天气看起来虽然不错，但接下来还会有冰雪、洪水、饥荒和侵略，赶快储存一些食物"的祖先幸存下来，并把他们的脑子传给了我们。有时候，思考并计划最坏的情况是有用的；然而，更多的时候，这并不现实，会带来糟糕的后果。所以学习准确认识灾难现实，是在战场和后方都很重要的技能。

在这里，中士们观看了一个视频片段，内容是一名士兵无法通过电子邮件与妻子联系。他认为，"她离开了我"，这会导致抑郁、麻木和疲劳。现在我们介绍一个"转换视角"模型，可以通过三个步骤应对灾难化思维，步骤包括：最坏的情况、最好的情况、最有可能的情况。

你给家里打了好几次电话，都没能联系上你妻子。你对自己说，"她已经离开了我"。

这是最坏的情况。

现在让我们来转换视角。最好的情况是什么？

"她的耐心和力量丝毫没有动摇。"

好吧，最有可能的情况是什么？

"她和一个朋友出去了，今晚或明天会回我邮件。当我外出服役时，妻子会将对我的依赖转移到别人身上。妻子依赖别人时，我会嫉妒和生气。但我不在的时候，她会感到孤独和害怕。"

确定了最有可能的情况之后，他们制订了一个应对计划，然后用两个例子来练习这项技能，其中一个是职业例子（一名士兵没有从陆地导航演习中回来，收到了上级的负面评价），另一个是个人例子（你的孩子在学校表现很差，你无法在家帮忙育儿；在你服役期间，你的配偶很难独自应对经济问题）。

实时与灾难性想法作斗争

在需要立即执行任务时，我们会使用这些技巧。如果士兵被"内心的喋喋不休"分散了注意力，表现必定会受到影响。例如，去面对晋升委员会；离开作战基地去检查简易爆炸装置，展示作战技能；在一天紧张的工作后把车开回自己的车道。

实时挑战灾难性想法有三种策略：收集证据、乐观主义、转换视角。中士们要学习如何使用这些技能，以及如何提前纠正不切实际的错误（一次 / 一件事，掌握情况，承担适当的责任）。这些技巧不是将每个消极想法都转换成积极想法。它的目的是创造缓冲，让士兵能够聚焦当下，不会因为麻痹、不切实际的想法而使自己（或他人）处于更大的危险之中。我们会在适当的时间、地点去聚焦那些持续的消极想法，因为通常可以从中学到一些东西。

例如，一名中士说，他经常被一些负面的想法所困扰，比如他妻子是否真的爱他，而这些想法常常干扰他的注意力。他认为这些想法的根源是"我不是女人喜欢的那种类型"这一"冰山"，在某些时候，如急需入睡或从事高风险活动时，打消这些想法是很重要的。同样重要的是，要在适当的时机注意这些想法，并进行仔细的思考和评估。

这些心理弹性技能完美地涵盖了习得性乐观的技能，即抵抗习得性无助的技能。回想一下，CSF 的目的是使创伤后反应的整个分布朝着更具弹性和创伤后成长的方向发展，这对创伤后应激障碍（分布的另一端）也有预防作用。创伤后应激障碍是焦虑和抑郁症状的糟糕组合，而心理弹性（乐观主义）训练对两者都有明显的预防效果。此外，心理健康和身体健康处于倒数 15% 的士兵特别容易患上创伤后应激障碍，因此提前用抗焦虑和抗抑郁技能武装他们，应该能起到预防作用。最后，在 2009 年对 103 项创伤后成长研究的回顾研究中，意大利研究人员加布里埃尔·普拉提（Gabriele Prati）和卢卡·皮特兰托尼（Luca Pietrantoni）发现乐观是促进成长的主要因素。因此，从理论上讲，增强心理弹性既能促进士兵成长，又能预防创伤后应激障碍。然而，我们不会停留在理论上，因为军队会非常仔细地测量所有数据。敬请期待。

抓住好事

在整个项目中，中士们都有一本感恩日记（也称为"三件好事日记"）。"抓住好事"的目的是增强积极情绪。这样做的理由是，那些习惯性地承认和表达感激之情的人会从健康、睡眠和人际关系中看到好处，他们的表现也会更好。在培训课程中，每天早上都有几名中士分享他们前一天"抓住"的好事，以及他们对事件意义的反思。好事包括"昨晚我和我妻子进行了一次很棒的谈话，我用了我们在课堂上学到的东西，她说这是我们有史以来最好的交流""我停下来和一个无家可归的人交谈，我从他那里学到了很多东西"，还有"为了感谢军人，餐馆老板不收我们的饭钱"。

一周后，好事变得更加个人化了。最后一天的早上，一名中士说："昨晚我和 8 岁的儿子谈话。他告诉我，他在学校获奖了，平时我只会说'真不错'，但昨天我用了刚学的技巧，问了很多问题：获奖时还有谁在场？获奖的感觉如何？你打算把奖牌挂在哪里？"

"谈话进行到一半时，儿子打断我说：'爸爸，这真的是你吗？'我知道他的意思。这是我们谈得最久的一次，我想我们彼此都感到惊讶。这太棒了。"

性格优势

在心理弹性技能之后，我们转向寻找性格优势。《陆军野战手册》（*Army Field Manual*）介绍了领导者的核心性格优势：忠诚、责任、尊重、无私、荣誉、正直和个人勇气。我们回顾了这些，然后让中士们完成 VIA 在线测试，并将他们的 24 项优势按顺序排列，打印出来带到课堂上。我们定义了"突出优势"，中士们把自己的名字贴在房间的大挂图上，每个人都标出自己的一项优势。挂图上写满了便笺，表明了中士们最常见的优点。中士们在团队中寻找规律，并讨论团队的整体优势能反映出他们是什么样的领导。在这个活动之后，进行小组讨论："你从优势测试中学到了什么？你在军队服役期间发展了哪些优势？你的优势是如何帮助你完成任务和实现目标的？你是如何利用自己的优势建立牢固的人际关系的？你的优势有哪些消极面，怎样才能把它们最小化？"

然后，我们将重点转向利用优势来应对挑战。杰夫·肖特（Jeff Short）上校介绍了一个案例研究，描述了他如何带领第 115 部队，从路易斯安那州波尔堡出发，在阿布格莱布监狱建立了一所战斗支援医院，为囚犯提供包括住院和门诊护理在内的医疗保健服务。当杰夫描述建立野战医院和照顾囚犯的挑战时，中士们记下了每个人或团队发挥优势的事例，以及它所促成的具体行动。例如，野战医院需要伤口真空装置，但当地没有。一位护士发挥了创造力强的优势，用旧吸尘器改装成了所需设备。

接下来，中士们分成几个小组，各自完成小组任务。我们指导他们利用团队的性格优势完成任务，最后，写下自己的"挑战中的优势"故事。一名中士描述了他如何利用自己的爱心、智慧和感恩来帮助一名行为不端、挑起冲突的违纪士兵。中士用爱来接近这名士兵，而大多数人则避开了这个总是充满敌意的家伙。中士发现，这名士兵心中满怀对妻子的愤怒，这种愤怒蔓延到了周围其他士兵身上。然后，中士运用自己的智慧，帮助士兵理解妻子，并与他一起写了一封信，士兵在信中描述了他对妻子的感激之情，因为在他三次服役期间，妻子不得不独自处理那么多事情。

建立牢固的人际关系

我们的最后一个模块着重于加强与其他士兵以及家人的关系。我们的目标是提供构建人际关系的实用工具，并战胜有碍积极沟通的想法。谢利·加贝尔博士的研究表明，当别人与你分享积极经历时，如果你做出主动和建设性的反应（而不是被动和破坏性的反应），爱和友谊就会增加。所以，我们教了四种回应方式：主动建设性的（真诚、热情的支持）、被动建设性的（低调的支持）、被动破坏性的（忽视该事件）和主动破坏性的（指出事件的消极方面）。我们通过一系列的角色扮演来展示每种情形。第一个角色扮演的是一对亲密朋友：

士兵约翰逊告诉士兵冈萨雷斯："嘿，我妻子打电话来告诉我，她找到了一份很好的工作。"

主动建设性的："真棒！新工作是什么？什么时候开始上班？她是怎么得到这份工作的？为什么得到了它？"

被动建设性的："真不错。"

被动破坏性的："我收到了我儿子一封有趣的电子邮件。听我说……"

主动破坏性的："那么谁来照顾你的儿子呢？可别说是保姆啊，我经常听说保姆虐待孩子的恐怖故事。"

每次角色扮演后，中士们都会填写一份工作表，记录他们自己的典型应对方式，并确定是什么让他们很难做出主动和建设性的回应（例如疲劳或过度关注自己），以及他们如何利用自己的优势保持主动和建设性（例如，利用好奇心提出问题，利用热情做出主动回应，或者利用智慧指出需要从中吸取的宝贵教训）。

然后我们教他们学习卡罗尔·德韦克（Carol Dweck）博士提出的有效表扬。有必要表扬士兵的时候，你会怎么说？例如，遇到这些情况："我在考核中名列前茅。""我们在没有人员伤亡的情况下清空了大楼。""我被提升为军士长了。"中士们应该表扬具体的技能，而不是含混不清地说"继续努力"，或者"干得好"。表扬细节，能告诉下属：（1）领导真的在注意他；（2）领导花了时间看他到底做了什么；（3）赞扬是真实的，而不是敷衍的"干得好"。

最后，我们教授肯定式沟通，描述被动、攻击和肯定风格之间的差异，告诉他们每种风格的语言、声调、肢体语言和节奏是什么，每种风格传达了什么信息。例如，被动的沟通方式传达了这样的信息："反正我不相信你会听我的。"我们在积极教育工作中发现，找到导致某一种特定沟通风格的"冰山"很重要。相信"别人会利用自己软弱的迹象"的人，倾向于表现出攻击性的风格；相信"不应该抱怨"的人，会采用被动的风格；而相信"可以信任别人"的人，会表现出肯定的风格。

所以，我们教了一种肯定的沟通模式，总共分为五个步骤：

1. 识别并努力理解情境。
2. 客观准确地描述情况。
3. 表达关切。
4. 询问对方的观点，并朝着可以接受的方向努力。
5. 列出改变会带来的好处。

中士们在军事场景中实践了这样的沟通方式，例如：你的战友开始酗酒，被发现酒后驾驶；你丈夫在你认为不重要的事情上花钱；一个战友总是未经允许就拿走你的东西。在这些角色扮演之后，中士们确定了他们目前面临的棘手情况，并开始练习使用肯定的沟通方式。一个艰难的领域是探索与家人的交谈方式。许多中士告诉我们，他们与配偶的沟通过于激进，与子女的沟通过于强硬，因为他们习惯了快节奏、服从命令的工作环境，转换到家庭环境后，很难表现出民主的风格。

课程结束后，一位中士在走廊里拦住我，向我表示感谢，他说："如果我3年前学会了这些东西，就不会离婚了。"

正如这两章所述，我在军队里的工作，目的是帮助士兵和其他人，但一些记者还是选择戴着有色眼镜来看待它，坚持寻找一些我用科学来做坏事的恶意证据。一些批评家声称这个计划是用积极思维给士兵"洗脑"，"而且，难道士兵们不希望军官在命令他们进入战斗之前考虑最坏的情况吗……应取代消极思维的不是积极思维，而是批判性思维。"不过，我们教的不是盲目的积极思维。我们所教的正是批判性思维：学会将非理性的、最糟糕的设想和更现实的设想区分开来。这是一种能够促进规划和行动的思维技巧。

还有些批评者甚至暗示，在布什政府所谓的"反恐战争"中，我支持军方使用习得性无助研究，在心理上恐吓、折磨囚犯和恐怖分子嫌疑人。

这完全不是事实。我从来没有，也永远不会为酷刑提供帮助。我强烈反对、谴责酷刑。

所谓的酷刑争议，事实其实是这样的：2002年5月中旬，军方的联合援救士兵局（Joint Personnel Recovery Agency）邀请我在圣地亚哥海军基地做了3个小时的讲座。我受邀讲述的内容是，美国军人如何利用已知的习得性无助知识抵抗敌方的酷刑和审讯。这就是我的讲座主题。

当时有人告诉我，因为我是一个没有经过背景调查的平民，他们不能详细告诉我美国军方的审讯方法。但他们还说，这些方法里不包括暴力或野蛮行径。

然而，2009年8月31日，医生促进人权协会（Physicians for Human Rights）的一份报告指出："事实上，至少有两次，塞利格曼向中央情报局的审讯者报告了他所做的习得性无助研究。"这是谣言。所谓"审讯者"，大概是指詹姆斯·米切尔（James Mitchell）和布鲁斯·杰森（Bruce Jessen）这两位心理学家，据报道，他们曾与中情局合作，帮助开发"强化"审讯方法。我介绍习得性无助研究时，台下的听众有50—100人，他们只是位列其中。我报告的对象并不是他们，而是联合援救士兵局。而且，我讲的内容仍然是美军如何利用已知的习得性无助来逃避敌人的审讯。在其他场合，我从未把研究成果介绍给米切尔和杰森，或者任何与这一争议有关的人。

自那次会议以来，我再也没与联合援救士兵局联系，也没有和杰森、米切尔有过工作上的接触。我从未根据政府合同（或任何其他合同）从事过有关酷刑的任何工作，也不愿意从事此类工作。

我从未研究过审讯，也从来没有见过审讯，只是看过一点这方面的文献而已。根据粗略的了解，我认为审讯的重点是要得到真相，而不是得到审讯者想听到的内容。我认为习得性无助会让人变得更被动、更少抗拒、更顺从，但我不知道有任何证据表明它能让人说出更多真相。帮助这么多人克服抑郁症的好的科学，却可能被用于如此可疑的目的，我对此感到悲痛和震惊。

推广展示

坦白地说，我们起初很紧张，怕这些传说中的硬汉觉得心理弹性训练"娘娘腔""太敏感"或"深奥却空洞"。但他们没有，更重要的是，他们爱上了（没有更合适的词了）这门课程。令我们惊讶的是，这次培训的评分为 4.9 分（满分 5 分）。而凯伦·雷维奇在匿名评估中得到了满分 5 分。他们的评论使我们感动得流泪。

这是我在军队里接受过的最愉快的培训，也是最有深度的培训。

我很惊讶这门课对我来说那么简单，却又那么有效。它能对我的士兵、家人和整个军队产生难以想象的影响。

它能拯救生命、婚姻，防止自杀和退役后酗酒、吸毒等问题。现在就应该将它推广给每一位士兵。

我们需要让每个士兵、文职人员和军属都接受这项培训。

我已经开始在家庭生活中使用这些新学会的技术了。

以上确实是来自那些号称"硬汉"的中士的代表性评论。

推广计划是这样的：2010 年，每个月会有 150 名中士来到宾夕法尼亚大学接受为期 8 天的培训，成为培训师。此外，更多中士将在相应基地接受线上培训。我们会挑选最优秀的中士成为主培训师，并与宾夕法尼亚大学的培训师一起协助培训。这样一来，到 2010 年底，将有约 2000 名中士完成培训，我们再选择其中 100 人作为主培训师。这些中士将在每周花 1 小时进行心理弹性训练。2011 年，我们会继续在宾夕法尼亚大学进行训练，并逐步将训练转移到军事基地。在不远的将来，我们会对所有新兵进行心理弹性训练，军队将全面配备培训人员。

当凯西将军、朗达将军和我向两星和三星将领简要介绍计划时，他们的第一个问题是"我们的妻子和孩子呢？士兵的心理弹性直接反映了其家人的心理弹性"。凯西将军随即下令，所有军属也有机会接受心理弹性训练，这将是朗达方案中的一部分。因此，我们正在建立机动培训组，由一名首席培训师和一批主培训师组成，向遥远的前哨基地以及全体家属传授心理弹性知识。

与此同时，我们收到了来自"前线"的反馈。这是基思·艾伦（Keith Allen）上士写给我们的信：

作为步兵，我习惯于询问任务的具体细节。当收到通知，我要参加心理弹性训练时，我自然会问，我能从中得到什么……他们告诉我，要保持开放的心态。作为一名士兵，我把这理解成"这可能毫无价值，但上级命令我们去支持它"。

我来到培训班，觉得肯定会听到一堆心理学家滔滔不绝地说些废话。上课第一天，我（和同单位的两位中士一起）提前半小时进了教室，希望能选一个后排座位。令人懊恼的是，所有人的计划都是一样的，只剩前排座位了。

我们只好坐下了。无可否认，我的坐姿是典型的不信任姿态（缩在椅子里，双臂交叉放在胸前）。到了第二天，我发现自己坐直了。讲到避免思维陷阱时，我开始往前靠了，甚至没留意转眼就到了吃饭时间，还因为必须休息而失望不已。

我认识到，从前我曾凭直觉或经验取得了一些成功，从中获得了一些技能。我发现，我在职业生涯中遇到的一些上级、同事或士兵缺乏其中某些技能。

开始讨论我们在 VIA 测试中测出的性格优势结果时，我热切地期待着。我对自己优势的看法，有些是正确的；但令我惊讶的是，有些优势并不像我想象中那么强。经过诚实的反思（自我意识）以及与妻子的沟通，我意识到培训中列出的优势排序相当准确。发现哪些优势比我想象中要弱，让我知道了未来的努力方向。

培训完，回到工作岗位后，我就开始运用这些技巧。同样重要的是——甚至有可能更重要，我与家人的相处也有所改善。我们部门的一些决策本质上是协作性的，现在，给出意见时，我能用坚定的语言来描述自己做决定的原因。后来，我的上级和更高的领导把我拉到一边，问了更多关于心理弹性培训的问题，他们中有两位将参加下一次培训。我的两个孩子（分别是 15 岁和 12 岁）也做了 VIA 测试，这有助于我们的互动。我对他们采用主动的、建设性的回应，帮助孩子解决问题，我们都获得了意想不到的成功。

上士爱德华·卡明斯（Edward Cummings）写道：

去年 11 月我参加了心理弹性培训，从那以后，它对我的职业生涯和个人生活都产生了长远的影响。我的理念是，如果你在家里幸福、成功，一定会对工作有所帮助……从课程一开始，我就开始学习如何把这些内容融入日常生活。它为我打开了一扇新的大门，让我能够与妻子交流，更重要的是让我学会了倾听。我发现自己很多时候做出的都是被动的、建设性的回应，在后退一步，知道自己在做什么之后，我才意识到这样实际上在伤害婚姻关系。我学着倾听妻子的讲述，从前我认为这些事情很无聊，现在发现，由于我的倾听，她变得更幸福了。而我们都知道，"如果妻子不幸福，就没有人能幸福"。

我发现，自己也能轻松地处理工作中的困难了。过去，只要事情没有按照我的设想发展，我就会很不高兴，反应过度。现在我学会了后退一步……在草率地做出决定之前，先尽量获取所有可能的信息。我学会了冷静下来，换用其他方式处理这些类型的问题。我发现了很多"冰山"，现在已经可以做一些处理了……

我曾经想知道，我是否会和父母一样，拥有一段持续 36 年以上的婚姻。现在，我相信，我一定可以。我曾经担心自己的职业生涯，反复思考自己做过的各种选择，不确定它们是不是对的，我能不能成功。现在我知道，无论将来发生什么，我都能更好地迎接挑战。有了这些知识，我也能更好地照顾士兵们。如果你都不能照顾好自己，怎么能照顾好士兵呢？有很多新兵很难适应部队生活，也很难适应远离家人的日子。过去的我也是如此。如果当初能学到这些，我想我会做得更好，能够更好地应对挑战。有了这些知识，我现在知道了，当士兵们带着问题来找我时，我可以使用一些不同的技术，比如 ABC 模型、问题解决技术，或者找出他们的"冰山"，从而帮助他们，完成我作为上级的职责……

总的来说，这门课非常成功……我已经把它介绍给了家人和许多正在经历艰难时刻的朋友。积极心理学真是太有用了！

军队和宾夕法尼亚大学不会轻易地满足于表扬。在莎伦·麦克布莱德（Sharon McBride）上校和保罗·莱斯特（Paul Lester）上尉的指挥下，我们的训练结果将在一项大规模的研究中得到严格评估。由于心理弹性训练是逐步展开的，我们可以评估那些接受过训练的士兵的表现，与尚未接受过训练的士兵进行对比。这可以称为"等待控制组"设计。在接下来的 2 年中，至少有 7500 名士兵跟着中士们学习了宾夕法尼亚大学心理弹性项目，将他们与没有受过训练的士兵进行对比。麦克布莱德和莱斯特将研究这方面的内容：心理弹性培训是否能产生更好的军事表现、更少的创伤后应激障碍、更好的身体健康情况，最终让军人在退伍后拥有更好的家庭生活和平民生活。

积极的身体健康：乐观生物学

健康是一种身体、精神以及社会关系上的全面良好的状态，而不仅仅是没有疾病或不虚弱。

——1946年《世界卫生组织宪章》序言

改变医学界

我做心理治疗师已经35年了。我不是一个很好的治疗师——我承认我更擅长说话，而不是倾听。但有些时候，我也能做得很好，帮助病人几乎完全摆脱了悲伤、焦虑和愤怒。我以为我的工作完成了，病人会变得很幸福。

病人真的幸福了吗？没有。就像我在第三章所说的，他变得空虚了。这是因为，享受积极情绪、与所关心的人交往、人生有意义、实现工作目标、保持良好关系的技能，与不抑郁、不焦虑、不愤怒的技能完全不同。这些烦躁情绪阻碍了我们获得福祉，但并没有让福祉变得绝无可能；而没有悲伤、焦虑和愤怒也不能保证幸福。从积极心理学得到的教训是，积极的心理健康并不只是没有精神疾病。

生活中存在着一种非常常见的现象，虽然没有精神疾病，却忍受着困顿和煎熬。积极的心理健康是一种存在：存在积极情绪、存在投入、存在意义、存在良好的关系和成就。心理健康的状态不仅仅是没有障碍，而且是一种丰盛蓬勃的存在。

这与弗洛伊德派传下来的智慧正好相反，他们认为心理健康就是没有精神疾病。弗洛伊德是哲学家叔本华（Arthur Schopenhauer）的追随者。两人都认为幸福是一种幻觉，我们所能期望的最好的办法就是把我们的苦难和痛苦降到最低限度。毫无疑问，传统的心理治疗并不是为了创造幸福，只是为了减少痛苦，这本身也是个艰巨的任务。

身体健康方面也采纳了同样的"智慧"，认为身体健康就是没有身体疾病。尽管世界卫生组织给出了上述声明，美国国家健康研究院（National Institutes of Health）也以"健康"为名（其实名不副实，因为其中超过 95% 的预算都用于减少疾病），却几乎没有一个学科叫作健康科学。来自庞大的罗伯特·伍德·约翰逊基金会（Robert Wood Johnson Foundation, RWJF）的官员罗宾·莫肯豪普特（Robin Mockenhaupt）和保罗·塔里尼（Paul Tarini），被派来和我讨论积极心理学时，也很清楚这一现状。

基金会开拓分部的负责人保罗说："我们希望你能改变医学的现状。"所谓开拓分部，职责就是开拓新的方向。RWJF 的大部分医疗经费都流向了黄金领域，比如减肥。而开拓分部是通过投资创新理念来平衡其研究组合的方式，这些新理念在美国医学研究的主流之外，可能会带来极大的回报。

"我们一直在关注你在心理健康方面所做的研究。你的研究超越了治疗精神疾病，那是一种真实的东西。我们希望你在身体健康方面也进行同样的尝试。"他继续说，"身体健康是否也是由积极属性——健康资产决定的？有没有一种状态可以延长寿命、降低发病率，哪怕生病了也能有更好的预后，还能降低终生医疗费用？健康是真实的吗？或者说，难道医学只是为了让人达到没有疾病的状态？"

这足以让我心跳加速。我一直致力于探索这个大谜团中的一部分：发现乐观的心理状态能预测并可能导致身体疾病减少，现在，一个诱人的全景式的发现已经出现。追本溯源，这一切源自我和保罗、罗宾聊天时的 40 年前。

习得性无助理论的起源

20 世纪 60 年代中期，我和搭档史蒂夫·梅尔（Steve Maier）、布鲁斯·奥弗米尔（Bruce Overmier）一起发现了"习得性无助"。我们发现，狗、老鼠、蟑螂等动物，一旦经历了一些让它们无能为力的逆境，再遇到逆境时就会变得被动，容易放弃。第一次经历了无助之后，它们会在轻度电击的痛苦中躺下，默默忍受，等待电击结束，而不是试图逃脱。最初曾受过完全相同的电击的动物（但它们遇到的电击是可以逃脱的），后来并没有变得无助。它们对习得性无助产生了免疫力。

人类和其他动物表现一样。唐纳德·广户（Donald Hiroto）曾对人类进行实验，后来这个实验被很多人重复做过。受试者被随机分为三组，也就是"三组设计"。第一组（可逃脱组）暴露在没有实质性伤害的事件中（如噪声）。当他们按下面前的一个按钮时，噪声就会停止，也就是说，他们自己的动作就可以避开噪声。第二组（不可逃脱组）的受试者接收到与第一组完全相同的噪声，但无论他们做什么，都无法改变噪声的状态。第二组会感到无助，因为无论做出什么反应，噪声消失的概率都没有变化。在操作上，习得性无助感的定义是：你所做的一切都不会改变事件。重要的是，第一组和第二组的客观压力源完全相同。第三组（对照组）则没有听到噪声。这是这个实验的第一部分。

现在，请回顾上段内容，确保你理解了"三组设计"，否则就很难看懂本章的其余部分。

第一部分是习得性无助，第二部分是戏剧性的结果。第二部分稍后在另一个地方进行。通常在第二部分，三组人都会看到一个"穿梭箱"，人把手放在箱子的一边，噪声就一直响。如果他把手往另一边移 10 厘米左右，噪声就会消失。第一组和第三组的人很容易学会移动手来逃避噪声。第二组的人通常不会移动，他们只会坐在那里，忍受噪声，直到它自己消失。在第一部分中，他们学会了自己所做的一切都没用。因此，在第二部分中，他们认为自己做什么都没有用，也就不会试图逃跑。

我听说过很多关于人们因为无助而生病甚至死去的故事，所以我开始怀疑，习得性无助是否会以某种方式进入身体内部，破坏健康和生命力。我还想知道相反的情况，也就是保罗·塔里尼的问题：无助的对立面——掌控感，是否能以某种方式到达身体内部并加强身体健康？

这是三组设计的基本原理：三组包括了可逃避、不可逃避和正常对照组，这是所有良好的习得性无助实验的标志。正常对照组没有噪声经历，因此可以进行对比推论。无助会伤害人吗？掌控会让人更强大吗？要想知道，"无助会伤害人吗"（病理性问题），我们需要在第二部分中，将第一组和第三组进行对比。如果在第二部分中第一组的表现比第三组差，那就说明无助感已经伤害了他们。

对应的问题是"掌控感会让人更强大吗"，要想知道这个问题的答案（积极心理学问题），就需要在第二部分中，将第二组与第三组进行比较。如果第二组在第二部分表现得比第三组好，那就说明掌控感增强了他们的能力。请注意，第一组的表现比第二组差，不太具有科学意义，因为不管是无助感削弱了人，还是掌控感增强了人，或者二者都存在，第一组的表现都会比第二组差。

这就是保罗·塔里尼问题背后的真知灼见，这一真知灼见如此明显，以至于很容易被完全忽略。心理学和医学遵循弗洛伊德及医学模式，从病理学的角度看世界，只关注恶性事件的坏作用。只有当我们问起病理学的反面——良性事件的好作用时，心理学和医学才有可能发生改变。事实上，营养、免疫系统、福利、政治、教育或道德方面的努力，如果只聚焦于治疗，就忽略了这种智慧，只完成了一半的工作：纠正缺陷，却未能增强力量。

疾病心理学

正是由于研究习得性无助，我才进入了探讨生理疾病的心理学领域。在用三组设计研究生理健康时，我们最好的尝试是研究老鼠的癌症。马德隆·维辛塔纳（Madelon Visintainer）和乔·沃尔皮切利（Joe Volpicelli）当时都是我的研究生，他们在老鼠的侧腹植入了一种致死率为 50% 的肿瘤。然后，我们将老鼠随机分为三个小组：第一组会遭到 64 次轻微疼痛的可逃避电击（掌控组），第二组遭到同样强度但无法逃避的电击（无助组），第三组则无电击（对照组）。这是实验的第一部分。

在第二部分中，我们观察哪些老鼠得了癌症并死亡，哪些老鼠幸免于难。与预期的一样，对照组的死亡率是 50%；无助组的死亡率是 75%，说明无助削弱了它们的身体；掌控组的死亡率是 25%，说明掌控感增强了身体健康。

值得一提的是，1982 年发表在《科学》（Science）上的这个实验，是我最后一次参与的动物实验。原因在于伦理方面，我是一个动物爱好者，家里养的几只狗对我的生命意义重大，我发现无论出于什么目的，哪怕是基于人道主义，我都不愿意给动物造成任何痛苦。不过，科学的理由对我更有说服力：我最感兴趣的问题，通常可以用人类被试来得到更直接的回答，不需要做动物实验。所有动物实验在试图推广到人类时，都要纠结于外部效度这个问题。

这是一个被忽视的、非常棘手的关键问题。最初吸引我进入实验心理学的是它的严谨性，也就是所谓的内部效度。对照实验是内部效度的黄金标准，因为它能发现因果关系。火会使水沸腾吗？打开火，水就沸腾了。没有火（对照组），水就不会沸腾。不可控的逆境会刺激肿瘤生长吗？给一组老鼠不可逃避的电击，给另一组同样的可逃脱的电击，并将它们与没有受到电击的组进行比较。受到不可逃避的电击的老鼠肿瘤生长速度更快，因此，不可逃避的电击会导致老鼠的肿瘤生长。然而，对于人类癌症的病因，以及无助如何影响人类癌症，动物实验有多少借鉴意义呢？这就是外部效度的问题。

外行会抱怨心理学实验只针对"老鼠和大二学生"，问题就在于外部效度。心理学家绝不应该随意忽略这些抱怨，因为它其实相当深刻。在许多方面，智人都不同于实验室里的老鼠；在许多方面，不可逃避的电击都不同于你的孩子在划船事故中溺水；在许多方面，我们在老鼠身上植入的肿瘤都不同于折磨人类的自然发生的肿瘤。因此，即使内部效度是完美的、严格的实验设计，对照组完全没问题，样本也足够大到能确保随机性，统计数据无可挑剔，我们仍然不能自信地推断，这足以说明不可控的不良事件对人类疾病进展的影响。

如果一件事根本不值得做，那就不用去把它做好。

我开始认为，建立外部效度比内部效度更重要，而且也更令人头痛。学术心理学要求，所有的心理学研究生都要上一整套关于内部效度的"方法论"课程。这些课程完全是关于内部效度，几乎不涉及外部效度，并把外部效度视为外行对科学的无知。数以百计的心理学教授靠教授内部效度维生，却没有人教授外部效度。不幸的是，公众对严谨的基础科学的适用性的怀疑常常是有理由的，这是因为外部效度的规则并不明确。

例如，实验对象的选择绝大多数是为了学术上的便利，而不是考虑如果实验成功了，研究结果能不能合理地推广开来。如果1910年就有电子游戏，老鼠永远都不会被用于心理学研究。如果1930年就有互联网，大二的学生也不会成为心理学研究的首选对象。从科学上说，我的底线是，在可重复的条件下研究现实世界中人类的掌控和无助，尽可能避免外部效度的问题。可以肯定的是，我认为在某些情况下动物实验是合理的，但它们仅限于外部效度问题很小、人类实验的伦理问题无法克服，并且人类能从中获得很大利益的领域。我相信这本书所涉及的所有问题，都可以通过对人类的研究得到更好的解释。现在，我们回到这些问题上来。

在上述的习得性无助研究中，我必须补充一个重要的事实：当我们给人不可逃避的噪声或给动物不可逃避的电击时，并不是所有参与者都变得很无助。一般来讲，大约1/3的人（老鼠和狗也是一样）从未表现出无助；大约

1/10 的人（老鼠和狗也是一样）一开始就很无助，不需要任何实验事件来诱导消极倾向。正是这种观察，将我引入了"习得性乐观"的研究领域。

我们想找出哪些人永远不会变得无助，所以系统地研究了这部分人对坏事的解释方式。我们发现，那些认为生活中遭受挫折的原因是暂时的、可变的、局部的人，在实验室里不会轻易变得无助。当他们在实验室里遭遇不可逃避的噪声，或在现实生活中求爱被拒时，他们会想，这个问题很快就会过去，自己可以做点什么来改变它，这只是特殊情况。他们很快就能从挫折中恢复过来，而且不会把工作上遇到的挫折带回家。我们称他们为乐观主义者。相反，那些习惯性地认为坏事会永远持续下去，会破坏一切，而自己对此无能为力的人，在实验室里很容易变得无助。他们很难从失败中恢复过来，会把自己的婚姻问题带到工作中去。我们称他们为悲观主义者。

因此，我们设计了调查问卷来测量乐观情绪，同时也通过单盲内容分析技术来评价演讲、报纸和日记中每句"因为……"中的乐观情绪，这些句子的作者——总统、体育明星和死者无法接受问卷调查。我们发现悲观主义者比乐观主义者更容易抑郁，他们在工作中、课堂和运动场上难以发挥真正的潜力，人际关系也不太稳定。

悲观主义和乐观主义分别是习得性无助和掌控感的放大器，它们对疾病有影响吗？通过什么机制？其他积极的心理变量，如喜悦、热情和欢呼，又会如何影响疾病？下面我将按依次讨论这些疾病：心血管疾病、传染病、癌症和全因死亡（all-cause mortality）[1]。

心血管疾病

20 世纪 80 年代中期，在一次大规模的多重危险因素干预试验（MR-

1　指一定时期内各种原因导致的总死亡，通俗的理解就是任何原因导致的死亡都计算在内。

FIT）研究中，来自旧金山的 120 名心脏病首次发作的男性组成了未经治疗的对照组。这项研究让许多心理学家和心脏病学家感到失望，他们最终发现通过训练将这些人的性格从 A 型（攻击性、时间紧迫感、不友好）转变为 B 型（随和）对心血管疾病没有影响。然而，这 120 个未经治疗的对照组成员，却让我和宾夕法尼亚大学的研究生格雷戈里·布坎南（Gregory Buchanan）很感兴趣。因为研究者对他们的数据采集极为详尽，包括首次发作对心脏的损害程度、血压、胆固醇、体重和生活方式——这些都是心血管疾病的传统风险因素。此外，研究者还通过采访，调查了他们的家庭、工作和爱好。我们从他们的录像采访中提取了所有带有"因为"的句子，并将其编码为乐观和悲观。

我们打开了尘封的数据库，发现在 8 年半的时间里，其中有一半人死于第二次心脏病发作。我们能预测哪些人会再次心脏病发作吗？常见的风险因素都无法预测死亡，血压、胆固醇，甚至第一次心脏病发作造成的损害有多大都不行。而只有乐观与悲观可以做到。在 16 个最悲观的人中，有 15 人死亡；而在 16 个最乐观的人中，只有 5 人死亡。

这一发现已经在有关心血管疾病的大型研究中反复得到证实，这些研究使用了不同的方法来测量乐观。

退伍军人老龄化研究

1986 年，1306 名退伍军人填写了明尼苏达多项人格问卷（MMPI），并被追踪研究了 10 年。在此期间，出现了 162 例心血管疾病。MMPI 有一个乐观 – 悲观量表，在其他研究中可以可靠地预测死亡率。他们还测量了吸烟、饮酒、血压、胆固醇、体重、心血管疾病家族史和受教育程度，以及焦虑、抑郁、敌对情绪，并对这些变量都进行统计学控制。最乐观的男性（比平均值高一个标准差）的心血管疾病患病率比平均值低 25%，最不乐观的男性（比平均值低一个标准差）的心血管疾病患病率比平均值高 25%。统计结果持续有力地证明，乐观能使身体健康，越不乐观就越容易受到伤害。

欧洲前瞻性调查研究

从 1996 年到 2002 年，英国对 2 万多名健康的成年人进行了追踪调查，在此期间，994 人死亡，其中 365 人死于心血管疾病。研究一开始就测量了许多生理和心理变量，例如吸烟、社会阶层、敌对情绪和神经质。同时，还用了以下七个问题来测量掌控感：

1. 我几乎无法控制发生在自己身上的事情。
2. 我真的没有办法解决我的一些问题。
3. 我几乎无法改变生命中许多重要的事情。
4. 我在处理生活中的问题时常常感到无助。
5. 有时我觉得自己身不由己。
6. 我的未来主要取决于我自己。
7. 只要是我下定决心要做的事，就一定能做到。

这些问题覆盖了从无助到掌控的连续体。在吸烟、社会阶层和其他心理变量相同的情况下，心血管疾病导致的死亡受到掌控感的强烈影响。高掌控感人群（比平均值高一个标准差）的心血管疾病死亡率比平均值低 20%，而低掌控感人群（比平均值低一个标准差）的心血管疾病死亡率比平均值高 20%。对于全因死亡率（包括癌症），掌控感也有影响，虽然程度较轻，但在统计上仍然能达到显著水平。

荷兰男女性调查研究

从 1991 年开始，荷兰对 999 名 65—85 岁的成年人进行了为期 9 年的追踪调查。在此期间，397 人死亡。一开始，研究人员测量了他们的健康、教育、吸烟、饮酒、心血管疾病史、婚姻、体重、血压、胆固醇以及乐观情绪等状况。乐观情绪由以下四个问题（根据不同程度，从 1 分到 3 分进行评分）测量：

1. 我对生活的期望还是很高。
2. 我对未来几年会发生什么事情毫无期待。
3. 我仍然有很多计划。
4. 我经常觉得生活充满了希望。

悲观主义与死亡率有很强的相关性，特别是当其他所有风险因素保持不变时。乐观主义者的心血管疾病死亡率只有悲观主义者的 23%，总体死亡率也只有悲观主义者的 55%。有趣的是，这种保护作用与乐观（即面向未来的认知）有关，而目前的情绪，如"经常欢笑""大多数时候，我精神很好"则无法预测死亡率。

与此不同的是，在 1995 年的新斯科舍省健康调查（Nova Scotia Health Survey）中，一组护士对 1739 名健康成年人的积极情绪（喜悦、幸福、兴奋、热情、满足感）进行了评级。在接下来的 10 年里，积极情绪较高的参与者患心脏病的概率较低，平均积极情绪每增加 1 分（满分 5 分），心脏病患病率就降低 22%。由于他们没有测量乐观，所以我们无法确定积极情绪是否通过乐观发挥作用。

荷兰的研究发现，乐观的影响是持续的，越乐观，死亡率就越低。这些发现表明，影响是双向的：乐观主义者的死亡率低于平均水平，悲观主义者的死亡率则高于平均水平。回想一下保罗·塔里尼问题的主旨：除了有削弱身体的风险因素，是否存在着保护身体的健康资产？在这项研究中，与普通人相比，乐观增强了人们对心血管疾病的抵抗力，而悲观则削弱了他们的抵抗力。

抑郁症是罪魁祸首吗？一般来说，悲观主义与抑郁症有很高的相关性，在许多研究中，抑郁症也与心血管疾病相关。所以你可能想知道，悲观主义的致命影响是不是通过增加抑郁程度而起作用的。答案似乎是否定的，因为即使在统计学上控制了抑郁程度，乐观主义和悲观主义也发挥了作用。

妇女健康倡议

1994 年，9.7 万名健康的女性接受了为期 8 年的追踪调查，这是迄今为止规模最大的关于乐观主义与心血管疾病之间关系的研究。和以往严谨的流行病学研究一样，年龄、种族、教育、宗教信仰程度、健康、体重、饮酒、吸烟、血压和胆固醇在开始时就被记录下来。流行病学研究是对大规模人群的健康模式的研究。研究者用被严格验证过的生活取向测试（Life Orientation Test, LOT）测量了受试者的乐观程度。这个测验包括了 10 句话，例如："在前景不明确的时候，我通常认为会出现最好的情况"，"只要有可能出问题，我就一定会真的出问题"，让受试者对此评分。重要的是，研究也测量了抑郁症状及其影响。乐观者（最乐观的 25%）的冠心病死亡率比悲观者（最悲观的 25%）低 30%。乐观减少了心脏病死亡率以及全因死亡率，这在整个群体中都成立。这一研究再次证明，乐观有助于健康，悲观则有损于健康。这一研究控制了其他所有风险因素，包括抑郁症。

生活的意义

有一种与乐观相似的特质似乎可以预防心血管疾病，那就是 ikigai（生活价值）。这个概念来自日本，意思是要找到值得为之而活的东西，与丰盛的意义元素以及乐观主义密切相关。日本有三项关于 ikigai 的前瞻性研究，都指出高水平的 ikigai 可以降低心血管疾病死亡的风险，即使在控制了传统的风险因素和压力的情况下也是如此。在第一项研究中，没有 ikigai 的男性和女性心血管疾病的死亡率比有 ikigai 的人高 160%。在第二项研究中，与没有 ikigai 的男性相比，有 ikigai 的男性死于心血管疾病的风险只有 86%；女性中也存在显著差异，但程度略小。在第三项研究中，高 ikigai 的男性脑卒中死亡风险仅为低 ikigai 男性的 28%，而且这与他们是否患有心脏病无关。

▷ 小结

所有关于乐观主义和心血管疾病的研究都一致认为，乐观主义与预防心血管疾病密切相关。哪怕控制了所有传统风险因素（如肥胖、吸烟、过度饮酒、高胆固醇和高血压），也控制了抑郁、压力和暂时的积极情绪，换用不同的方法来测量乐观，这种影响仍然存在。最重要的是，这种影响是双向的，与平均水平相比，高度的乐观能保护人，高度的悲观则会伤害人。

传染病

你的感冒会持续多久？对一部分人来说，感冒只持续 7 天；但对其他许多人来说，感冒能持续两三周。哪怕大家都病到了，有人还能抵御感冒；但也有些人一年能感冒 6 次。你大概会想，"这一定与免疫系统的差异有关"，但我要提醒你，不要完全相信那些流行的"免疫神话"。我也希望科学已经证实，免疫系统"强"的人更能抵御传染病——但这还远远没有定论。令人惊讶的是，心理状态对感冒的影响却得到了更好的证实。揭示情绪对传染病的影响是心理学中最动人的故事之一，主角是卡内基梅隆大学的心理学教授谢尔登·科恩（Sheldon Cohen），他很腼腆，说话轻声细气，他的研究成功地把生物学和心理学连接了起来。

我们总会发现，幸福的人很少抱怨，很少报告疼痛和疾病症状，呈现的健康状况普遍较好。相比之下，悲伤的人更经常抱怨疼痛，健康状况也更差。两者的身体症状可能是一样的，而悲伤和幸福会改变他们对身体症状的感知。或者，这可能仅仅反映了人们在报告症状时的偏见，悲伤的人只关注负面症状，而幸福的人则专注于进展顺利的事情（请注意，这种偏见并不能解释乐观对心血管疾病的影响，因为那些研究调查的不是冠心病症状的自我报告，而是死亡本身）。因此，很多人都观察到了抑郁者更容易疼痛，更常感冒，而幸福者恰恰相反。也许大家都觉得这只是无趣的人为报告偏差。事实上，在谢尔登·科恩之前，整个医学界都是这样认为的。

谢尔登大胆地用已知剂量的鼻病毒感染志愿者，这种病毒会导致普通感冒。我之所以使用"大胆"这个词，是因为他大费周章才得到卡内基梅隆大学伦理和机构审查委员会（Institutional Review Boards, IRB）的批准，允许他不披露这些研究的细节。但正如下文将要说到的，我们应该庆幸这些研究通过了伦理审查。

伦理和机构审查委员会

我钦佩谢尔登的勇气，同时也为他的实验能获得批准而感到庆幸。这是基于一种深切的担忧，因为在当代美国，科学受到太多束缚了。从 20 世纪 70 年代开始，所有科学家都被要求将研究计划提交给独立的委员会，审查其是否合乎伦理，该组织被称为"伦理和机构审查委员会"。之所以会有这种对伦理审查的要求，是因为此前曾爆出了一些丑闻，一些研究没有充分告知病人和研究对象，他们将要面临的潜在危险究竟是什么。审查委员会有助于防止大学被起诉，还能很好地展示一个完全开放的社会的伦理观。问题是，伦理审查非常昂贵。我猜，宾夕法尼亚大学（美国数千家研究机构中的一个）每年要在伦理审查方面花费 1000 万美元以上。伦理和机构审查委员会把科学家们拖入繁文缛节的大山，我估计，我的实验室每年要花 500 小时来填那些伦理审查表格。

审查委员会一开始只是警告人们，如果某个科学研究可能对受试者造成严重伤害，必须充分告知这一风险。但现在他们已经发展出了更高级的使命：只要你想做一次有关幸福的完全无害的问卷调查，哪怕只是试点研究，第一个任务就是要花好几个小时向所在机构的审查委员会提交文件。据我所知，在这 40 年里，审查委员会花了数十亿美元，却没有挽救过哪怕一条生命。但最重要的是，他们导致了寒蝉效应（chilling effect）[1]，让科学家们不敢去做可能挽救生命的科学研究。下面我来介绍一个例子，这是我所知道的心理学史上最能挽救生命的研究，也许是整个医学史上最能挽救生命的研究，它能揭示伦理和机构审查委员会的问题所在。

有史以来最严重的疯狂流行病始于哥伦布发现新大陆后的几年，并且一直持续到 20 世纪初。我们把这种病症称为"麻痹性痴呆"。它的症状开始是四肢无力，接着出现怪癖，然后是夸大妄想，最后发展为严重瘫痪、昏迷甚至死亡。病因不明，但有人怀疑是梅毒引起的。已知麻痹性痴呆患者患有梅毒的报告显然是无法形成证据的，因为许多患者坚决否认曾经患过梅毒，也没有任何证据表明存在性传播的病毒。大约 65% 的麻痹性痴呆患者有明显的梅毒病史，相比之下，非麻痹性痴呆患者中只有 10% 曾感染过梅毒。当然，这个证据只是暗示性的，无法证明病因，因为不是 100% 的麻痹性痴呆患者都有梅毒病史。

梅毒的典型症状——生殖器上的疮——几周内就会消失，但这种疾病不会立即消失。梅毒就像麻疹一样，一旦曾经感染梅毒，就不会再感染了。更直截了当地说，如果一位麻痹性痴呆患者曾经患过梅毒，再接触到其他梅毒病原体，他的生殖器不会再长疮。

有一种方法可以通过实验来确认是否所有的麻痹性痴呆患者都曾感染过梅毒，但这种方法有一定风险——给麻痹性痴呆患者注射梅毒病原体，看看他们会不会感染，因为一个人不可能得两次梅毒。德国神经学家理查德·冯·克拉夫特－埃宾（Richard von Krafft-Ebing, 1840—1902）非常大胆地做了这一关键实验。1897 年，他将从梅毒疮中提取出来的物质注射到 9 名

1　指人民因害怕遭受惩罚，或是无力承受所必将面对的预期耗损，只好放弃行使正当权利，噤若寒蝉。——译者注

麻痹性痴呆患者的身上，他们都否认曾经患过梅毒，但注射之后没有人长疮，可以得出结论，他们肯定曾经感染过梅毒。

克拉夫特－埃宾的工作非常成功，19 世纪最流行的精神疾病很快被抗梅毒药物根除，数十万人的生命得以挽救。

之所以讲这个故事，是因为如今根本无法做这种实验了，绝对不可能通过伦理和机构审查委员会的审核。更糟糕的是，没有哪位科学家——即使是最勇敢的科学家，会向伦理和机构审查委员会提交这样的建议，不管他相信会挽救多少人的生命。

谢尔登·科恩的研究和克拉夫特－埃宾的研究一样，值得称为"勇敢"，因为它们有可能会拯救许多人的生命。在一项大胆的实验设计中，科恩率先提出了积极情绪对传染病的影响。在科恩的研究中，大量健康的被试首先连续 7 个晚上接受采访。他们会拿到很高的报酬，而且充分了解风险。然而，许多伦理和机构审查委员不允许这项研究继续下去，因为他们认为"高报酬"就等于"强迫"。

根据这些访谈和测试，实验人员给被试的平均情绪——积极情绪和消极情绪评分。积极情绪由"充满活力""精力充沛""快乐""轻松""平静"和"愉快"等评语组成，消极情绪由"悲伤""抑郁""不快乐""紧张""敌对"等评语组成。注意，关于情绪和心血管疾病之间联系的医学文献中，用的是对乐观主义和悲观主义面向未来的特征的评级（例如，"我觉得许多不好的事情会再次发生"），而在这个实验中，用的是对当下情绪状态的评级。年龄、性别、种族、健康、体重、教育、睡眠、饮食、运动、抗体水平、乐观等可能的混淆因素，或者说潜在的外在因素，也得到了测量。

然后，所有被试将鼻病毒吸入鼻子，并被隔离观察 6 天，让感冒发展。感冒不仅是通过自我报告症状来衡量的（不同的人抱怨的程度可能会有偏差），更直接的是通过黏液量（称鼻涕纸的重量）和充血情况（计算染液注入鼻子到达喉咙后部所需的时间）来衡量的。结果很显著，也足够令人信服。

积极情绪类型
（通过访谈了解）

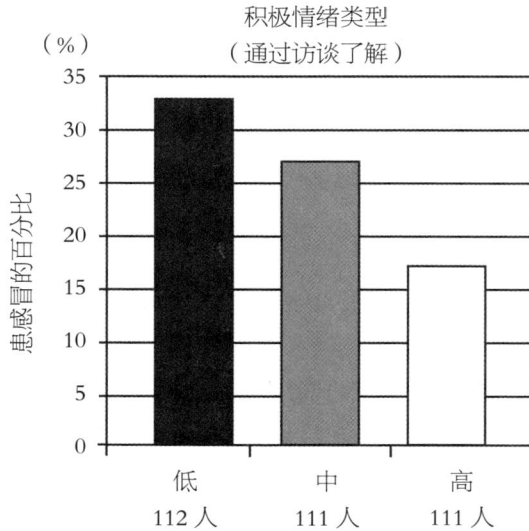

积极情绪与感冒之间的关系

从图中看出，在感染鼻病毒之前，高积极情绪的人患感冒的概率比一般积极情绪的人低，一般积极情绪的人患感冒的概率比低积极情绪的人低。这种效应是双向的，与平均水平相比，高积极情绪会让被试更强壮，低积极情绪会让被试更虚弱。

消极情绪类型
（通过访谈了解）

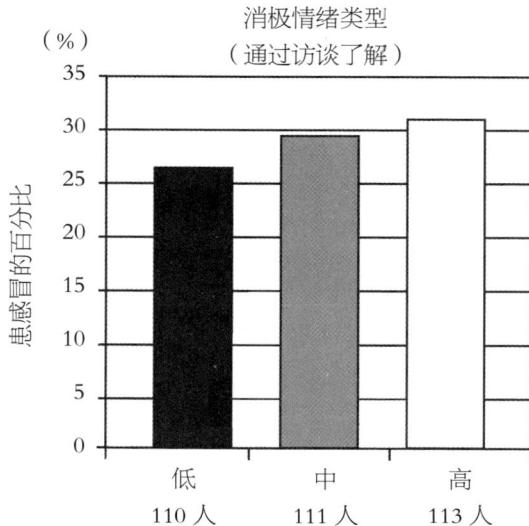

消极情绪与感冒之间的关系

从图中看出，消极情绪的影响较小。低消极情绪的人患感冒的概率比其他人低。所以，重要的是，驱动力是积极情绪，而不是消极情绪。

那么，积极情绪是通过什么生理机制减少感冒的呢？由于被试都被隔离观察，因此排除了睡眠、饮食、皮质醇、锌和运动方面的差异。研究发现，关键的区别在于白细胞介素 −6，一种会引起炎症的蛋白质。

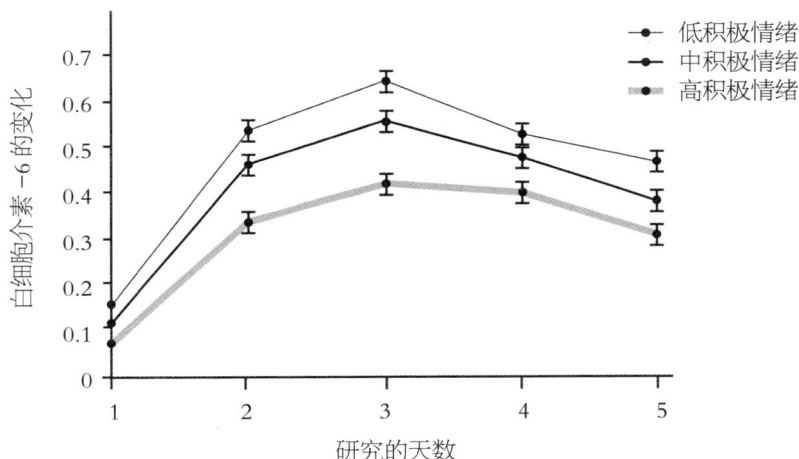

不同积极情绪水平每天白细胞介素 -6 的变化（只包含感冒的被试）

从图中看出，积极情绪越高，白细胞介素 −6 越低，炎症反应也越少。

谢尔登用流感病毒和感冒病毒重复了这项研究，结果相同：积极情绪的类型是驱动力。此外，他排除了自我报告中的健康、乐观、外向、抑郁和自尊差异等因素。

癌症和全因死亡率

积极状态是万能的吗？20 世纪 70 年代，在对无助感和疾病的第一次推测中，我提醒人们，乐观主义等心理因素对身体疾病的影响是有限的。当时，我尤其关注疾病的严重性，认为致命的绝症不会受人们心理状态的影响。我辞藻夸张地写道："如果一台起重机砸在你头上，乐观主义恐怕没多大用处。"

芭芭拉·埃伦赖希的（"我讨厌希望"）

近年来，澳大利亚的一项研究提醒我，希望、乐观对手术无效的癌症患者的寿命没有明显的影响。芭芭拉·埃伦赖希最近出版了一本书，名为《真相：积极心态的恶性推广侵蚀了美国》（*Bright-Sided: How the Relentless Promotion of Positive Thinking Has Undermined America*）。她在书中描述了自己的亲身经历，善意的医护人员告诉她，如果她能更积极一点，乳腺癌可以得到缓解。然后，她开始否定积极心理学了。埃伦赖希对幸福"警察"要求她用愉快的姿态来战胜乳腺癌感到愤慨。她提出，根本没有理由相信，假装出来的积极情绪能让人活得更久。据我所知，没有人主张敦促患者假装幸福。尽管如此，埃伦赖希还是将这本书的英国版命名为《要么微笑，要么死亡》（*Smile or Die*）。

《要么微笑，要么死亡》在英国出版后，我和埃伦赖希进行了一次公开的交流。我给她发了一篇关于棒球运动员长寿的热门新闻文章：在1952年的《棒球球员手册》（*Baseball Register*）中，微笑的强度预测了棒球运动员的寿命，真心微笑的球员比不微笑的球员多活7年。

"我想我注定短命了。"她在回信中调侃道。

"我相信你的分析是错误的，而且忽略了一些证据。"我回答说，"假笑对心血管疾病、全因死亡，可能也包括癌症，没什么作用，真正有用的是幸福感，也就是积极情绪、意义、积极的关系和成就。你的积极情绪可能比较低（我也是），但我想你还有很多其他的优势。至于你的书，虽然我不赞成其中的观点，但我相信这肯定是一个有意义的积极成就。具有讽刺意味的是，反对积极这一行为本身，就是你生活中重要的积极因素（要恰当地理解'积极'

这个词，它远比'假笑'更广泛）。所以，你不会注定短命。"

在她的书中，没有全面讨论科学文献，但还是引发了一些好评，评论者并未深入了解，就相信了埃伦赖希的结论。最令人震惊的评论来自《怀疑论者》（*Skeptic*）杂志创刊编辑迈克尔·谢默（Michael Shermer），他说："埃伦赖希系统地解构并摧毁了积极心理学运动背后的一点点科学依据，以及所谓的积极思维的有益影响。这些结论的证据不足，不具有统计上的显著性。仅有的几个可靠的发现，经常被证明是不可重复的，或是与后来的研究相矛盾。"然而，正如读者从这一章中所看到的，我们的研究证据很可靠，水平明显很高，而且这些发现得到了一次又一次的验证。

那么，抛开埃伦赖希和谢默的狂言不谈，积极和癌症的真实关系是什么呢？最完整的综述《乐观与身体健康的元分析》（*Optimism and Physical Health: A Meta-Analytic Review*）发表在 2009 年的《行为医学年鉴》（*Annals of Behavioral Medicine*）上，对 83 项关于积极与身体健康关系的独立研究进行了元分析。元分析是把整个科学文献中同一主题的所有方法论上合理的研究放在一起，取其平均值。因为研究主观幸福感对生存本身的影响，以及社会科学文献中其他所有发现，都必然存在相互矛盾的发现（这才是科学进步的动力）。

乐观能在多大程度上预测心血管疾病、免疫功能损伤、癌症以及全因死亡率？这 83 项研究中有 18 项是关于癌症的，共涉及 2858 名患者。总体来说，较为乐观的人的治疗效果更好。规模最大、最新的研究是前文所述的妇女健康研究，共有 97253 名妇女参与了研究，研究者测量了她们的乐观、冷漠敌意和心血管疾病、癌症及全因死亡率之间的关系，结果发现，悲观是心血管疾病死亡率高的主要预测因素。更重要的是，悲观和冷漠敌意都是癌症的重要预测因子，特别是在非裔美国妇女中，尽管没有对心血管疾病的影响大。

埃伦赖希在写书的时候请我帮过忙。我们有过两次面对面的交流，主要讨论关于健康的研究文献。然后，我给她寄了一份参考书目和文章。然而，埃伦赖希并没有介绍所有的研究，而是从中选择了能佐证自己的内容，突出了少数证据无效的研究，却没有写那些已经做得很好的研究——这部分研究发现乐观可以显著预测心血管疾病的良好预后、全因死亡率和癌症预后。从理论上讲，只挑选对自己有利的证据是一种不那么严重的学术不端，但在生死攸关的问题上，这种方式否定了癌症女性保持乐观和希望的价值，在我看来，这是非常危险的不当行为。

当然，目前还没有实验研究将人们随机分为"乐观组"和"患癌组"，因此，人们确实大可怀疑悲观是否真的会导致癌症和死亡。不过，这些研究控制了癌症的其他危险因素，仍然发现乐观的患者情况更好。这些证据足以开展一项随机分配的安慰对照实验，将悲观的癌症妇女随机分配到宾夕法尼亚心理弹性训练组或提供健康信息的对照组，并追踪观察其发病率、死亡率、生活质量和健康护理支出。

总之，我对癌症研究倾向于这样的结论：悲观是患癌症的风险因素之一。但是，由于癌症研究中有相当一部分没有发现显著的影响（尽管没有一项研究表明悲观有益于癌症患者），所以我得出结论：悲观主义可能是癌症的风险因素之一，但其影响比对心血管疾病和全因死亡率的影响小。

因此，我从癌症的全部文献中得出了这样一个结论：病情不太严重的时候，希望、乐观和幸福可能对癌症患者产生有益的影响；病情极其严重时，也不能完全否定积极心态的作用。在我写了那篇有关积极作用的限度的文章后，收到了一封读者来信，开头是这样的："亲爱的塞利格曼博士，曾经有一台起重机砸在我身上，我今天之所以还活着，仅仅是因为足够乐观。"

研究全因死亡，能揭示心理福祉是否真的能在"起重机砸在身上"时帮到你。伦敦大学的心理学家千田洋一（Yoichi Chida）和安德鲁·斯特普托（Andrew Steptoe）最近发表了一篇很全面的元分析论文。他们统计了 70 项研究，其中 35 项针对健康的被试，另外 35 项则针对患病的被试。

这项元分析发现，所有的 70 项研究中，心理福祉都有助于保护人们的健康。对于身体健康的人，这一效果相当明显。高幸福感的人比低幸福感的人死亡的可能性低 18%。在针对患病被试的研究中，福祉水平高的人表现出的影响虽然不大，但仍然显著，死亡率比福祉水平低的人低 2%。在心血管疾病、肾衰竭和艾滋病引起的死亡中，福祉能起到有效的保护作用，但其对抗癌症的效果并不显著。

福祉和健康是因果关系吗？为什么？

我的结论是，乐观与心血管健康密切相关，悲观与心血管风险密切相关。积极情绪与预防感冒和流感相关，而消极情绪则与患感冒和流感相关。高度乐观的人患癌症的风险较低。拥有良好心理福祉的健康人死于任何原因的风险都较低。

为什么？

在回答问题前我们先搞清楚这些真的是因果关系，还是仅仅相关。这是一个关键的科学问题，因为一些外部变量，例如慈爱的母亲或血清素过量，都有可能是真正的原因，它们可能同时影响生理健康和心理健康。没有一项观察性研究能够消除所有外部变量，但是上面的大多数研究通过统计方法对运动、血压、胆固醇、吸烟和其他可能的外部变量进行控制，排除了各种常见的可能性。

消除外部变量的黄金标准是随机分配的对照实验，在乐观与健康关系的文献中，只有一组这样的研究。15 年前，宾夕法尼亚大学的新生入校时，我给全班同学发了归因风格的调查问卷，每个学生都填了（新生入学时都非常愿意合作）。格雷戈里·布坎南和我记下了最悲观的 25% 的新生，根据非常悲观的解释风格得分，他们有患抑郁症的风险。我们随机将他们分为两组：一组参加为期 8 周的"压力管理研讨会"，学习前文描述过的宾夕法尼亚大学心理弹性项目（习得性乐观）；另一组则是无干预的控制组。我们发现，正如预测的那样，在接下来的 30 个月里，研讨会组显著提高了乐观情绪，降低了抑郁和焦虑情绪。我们还评估了这段时间内学生的身体健康状况。与对照组相比，研讨会组的学生身体健康状况更好，自我报告的身体疾病症状更少，看医生的次数更少，到学生健康中心咨询的次数也更少。他们更愿意去看医生做预防性检查，饮食和锻炼习惯也更健康。

这项实验表明，正是乐观情绪本身的提升改善了健康状况，因为随机分配、对照控制可以消除未知的外部变量。我们不知道，在过去的心血管疾病文献中，乐观情绪与健康的因果关系是否正确，因为此前还没有人进行过随机分配研究，教患者提升乐观程度，预防心脏病发作。不过到目前为止，我们的研究可以拿下这一分了。

为什么乐观主义者不那么容易生病

乐观如何使人们不那么容易生病？悲观如何使人们更容易患上心血管疾病？存在以下三种可能：

1. 乐观主义者拥有更健康的生活方式。乐观主义者认为他们的行动很重要，而悲观主义者则认为他们是无助的，做什么都没有用。乐观主义者愿意尝试，而悲观主义者则会陷入被动无助的境地。因此，乐观主义者很容易接受医学建议。正如 1964 年卫生部部长发表关于吸烟与健康的报告时，乔治·瓦利恩特所发现的那样：戒烟的是乐观主义者，而不是悲观主义者。乐观主义者能更好地照顾自己。

更进一步来说，生活满意度高的人（与乐观情绪高度相关）比生活满意度低的人更倾向于控制饮食、不吸烟和定期锻炼。一项研究发现，幸福的人也比不幸福的人睡眠质量好。

乐观主义者不仅乐于听从医嘱，还会采取行动避免发生不好的事件，而悲观主义者则比较被动。乐观主义者在接到龙卷风警报时，可能会在龙卷风避难所寻求帮助，悲观主义者则可能相信龙卷风是上帝的旨意，选择听天由命。你遇到的坏事越多，疾病也越多。

2. 社会支持。人生中朋友越多，得到的爱越多，就越少生病。乔治·瓦利恩特发现，如果有这么一个人，能让你在凌晨 3 点打电话向他诉苦，你就会更健康。约翰·卡奇奥波发现，孤独的人明显不如善于交际的人健康。在一项实验中，被试通过电话给陌生人读剧本，有些被试的声音低沉抑郁，有些则兴高采烈。陌生人挂断悲观者的电话比挂断乐观者的电话要快。幸福的人比不幸福的人的社交网络更丰富。对老年人而言，社会联系丰富的人，残疾的可能性比较小。俗话说"同病相怜"，但如果你有"相怜"的人，就没有那么容易"病"。倒是伴随着悲观的孤独，很可能会导致疾病。

3. 生理机制。生理机制有好几种可能。第一种可能是免疫系统。朱迪·罗丹（我在本书开头提到过她）、莱斯利·卡门（Leslie Kamen）、查尔斯·德怀尔（Charles Dwyer）和我在 1991 年合作，从乐观主义者和悲观主义者那里采集血液，测试其免疫反应。乐观主义者的血液对病菌的反应更强烈，产生了更多抗感染的白细胞（T 淋巴细胞）——我们排除了抑郁和健康程度的干扰。

第二种可能是共同的基因。乐观、幸福的人可能有抵御心血管疾病或癌症的基因。

第三种可能是循环系统对反复压力的病理反应。悲观主义者容易放弃，会承受更多的压力，而乐观主义者则能更好地应对压力。压力的反复发作，特别是当一个人无助时，可能会调动皮质醇（一种应激激素）和其他循环系统反应，从而诱发或加剧血管壁的损伤，加速动脉粥样硬化。如上文所述，谢尔登·科恩发现，悲伤的人会分泌更多的炎症物质——白细胞介素 −6，更容易感冒。反复发作的压力和无助感可能会引发一系列的反应，包括较高水平的皮质醇和较低水平的儿茶酚胺（一种神经递质），从而导致长期的炎症。

动脉粥样硬化与更严重的炎症有关，掌控感弱、抑郁情绪高的女性，主动脉钙化更严重。在三组设计中，无助的老鼠的动脉粥样硬化速度比掌控感强的老鼠快。

肝脏产生过量的纤维蛋白原（一种用于凝血的物质）是另一种可能的生理机制。纤维蛋白原越多，血液就会越黏稠，循环系统中的血液凝块也就越多。面对压力时，积极情绪高的人比积极情绪低的人产生出的纤维蛋白原少。

令人惊讶的是，心率变异性（Heart Rate Variability, HRV）可能是预防心血管疾病的另一个候选指标。心率变异性是心脏跳动间隔的短期变化，部分由中枢神经系统的副交感神经系统（迷走神经）控制。这就是让人产生松弛和减压感觉的系统。越来越多的证据表明，心率变异性水平高的人更健康，心血管疾病更少，抑郁症更少，认知能力更好。

上述机制尚未得到很好的检验。它们只是合理的假设，但其中每一种假设都是双向的，与平均水平相比，乐观会保护健康，悲观则会削弱健康。要研究乐观与健康是否有因果关系，以及它的运作方式，黄金标准是进行乐观干预实验。有一个实验能得出显而易见的结果，虽然很昂贵，但也值得一做：选取大量心血管疾病易感人群，随机分配，其中一半接受乐观训练，另一半接受安慰剂训练，监测他们的行为、社会和生理变量，看看乐观训练能不能救命。这将我带回到了罗伯特·伍德·约翰逊基金会的话题上。

保罗·塔里尼拜访我时，所有这些——习得性无助、乐观、心血管疾病以及如何确定这种机制——都在我脑海中快速掠过。经过长时间的讨论后，保罗总结道："我们想请您给出两份提案，一是探索积极健康的概念，二是提出预防心血管疾病死亡的乐观干预方案。"

积极健康

在适当的时候，我提交了两份提案。关于积极干预的方案涉及宾夕法尼亚大学的心血管系，我们提议将宾夕法尼亚心理弹性项目随机分配给第一次心脏病发作的患者。另一个提案探索积极健康的概念，基金会相信明确定义的积极健康概念最重要，所以资助了这项提案。积极健康组目前已经开展了1年半的工作，它包括了以下四个重点：

- 定义积极健康。
- 重新分析现有的纵向研究。
- 心血管的健康资产。
- 作为健康资产的运动。

▷ 定义积极健康

健康仅仅是"没有疾病"吗？它能被定义为积极的健康资产吗？我们还不知道健康资产到底是什么，但对其中一些资产已经有了大概了解，比如乐观、运动、爱和友谊。所以，我们从三类可能的积极自变量开始。第一，主观资产，例如，乐观、希望、感觉健康良好、热情、活力和生活满意度。第二，生理资产，例如，心率变异性的上限、催产素、低水平的纤维蛋白原和白细胞介素 −6、端粒（DNA 链上较长的重复序列）。第三，功能性资产，例如，优质婚姻、70 岁时轻快地走上三级台阶而不气喘吁吁、丰富的友谊、引人入胜的娱乐活动和丰盛的工作生活。

积极健康的定义是经验性的，我们正在调查这三类资产实际改善以下健康和疾病目标的程度：

· 积极健康能延长寿命吗？

· 积极健康能降低发病率吗？

· 积极的健康者的医疗支出是否比较低？

· 积极的健康者是否有更健康的心理和更少的精神疾病？

· 积极的健康者真的不但更长寿，还能更长时间地保持健康状态吗？

· 当疾病发作时，积极的健康者预后会更好吗？

因此，积极健康是一种能够切实提高健康与疾病目标的主观、生理以及功能性资产的组合。

利用现有数据的纵向分析

积极健康的定义是经验性的。我们首先重新分析了六项预测疾病的长期大型研究，这些研究当初都侧重于探索风险因素，而不是健康资产。在优势领域的顶尖学者克里斯·彼得森和年轻的哈佛大学教授劳拉·库布赞斯基（Laura Kubzansky）的领导下，我们正在重新研究，看它们的数据是否能预测上述健康目标。虽然现有的数据集中在消极方面，但这六个数据库包含了更多的积极方面的片段，只是这些片段之前都被忽略了。举个例子，一些测试会询问幸福感、血压和婚姻满意度。我们可以看到，什么样的主观、生理和功能性指标构成了健康资产。

克里斯·彼得森正在寻找作为健康资产的性格优势。一项始于 1999 年的衰老研究，目前仍在继续，涉及 2000 名男性，一开始他们都是健康的，随后每 3—5 年评估一次心血管疾病，并做一系列的心理测试。其中之一是明尼苏达多项人格问卷 -2（MMPI-2），从中可以测量"自我控制感"。克里斯报告说，在保持通常的风险因素不变（甚至也控制了乐观）的情况下，自我控制感是一项重要的健康资产，自我控制感最强的男性患心血管疾病的风险比一般人降低了 56%。

这个例子说明了我们如何比较健康资产和风险因素。我们还可以对健康资产与风险因素的效力进行定量比较，例如，我们估计，如果你的乐观程度处于前 25%，这可能对心血管有好处，影响值大致相当于每天少抽两包烟（但"两包烟"这个数值还需要进一步验证）。此外，这些健康资产的具体配置是否能最好地预测目标？如果存在这种健康资产的最佳配置，它就从经验上定义了与任何给定疾病相关的积极健康的潜在变量。在一系列疾病中普遍存在的健康资产配置，定义了普遍的积极健康。

一旦某个积极的自变量被证实是健康资产，那么为了建构积极健康，我们建议着手干预，帮助建构它。举例来说，如果乐观、运动、和谐婚姻、心率变异性能降低心血管疾病死亡的风险，那么这些都会成为诱人的（而且容易达成的）干预目标。除了在随机分配、控制对照中发现干预方法，还可以找到其中的因果关系。然后，我们会量化这些积极干预措施的成本效益，并将其与传统干预措施（如降低血压）进行对比，也会将积极健康干预措施与传统干预措施相结合，找出此类结合的成本效益。

军队数据库：纵向研究的基础

我们希望，与军队的合作能成为未来所有纵向研究的基础。大约 110 万名士兵正在使用 GAT，测量他们整个职业生涯中的所有积极因素、健康资产以及常见的风险因素。我们希望将他们的工作表现和终生医疗记录加入 GAT中。军队的数据库包含以下信息：

· 健康保险利用率

· 疾病诊断

· 药物使用

· 体重指数

· 血压

- 胆固醇
- 事故和灾难
- 战斗和非战斗受伤
- 身体形态
- DNA（识别尸体所需）
- 工作表现

因此，我们可以在一个非常大的样本中测试主观的、功能性的和生理的健康资产（在组合和分开的两种情况下）预测以下方面的程度：

- 特定疾病
- 药物使用
- 健康保险利用率
- 死亡率

这意味着，我们将能够明确地回答这样的问题：

- 在保持其他健康变量不变的情况下，情绪健康的士兵是不是不太容易患传染病（用抗生素药物的使用情况来衡量）？即使患病，预后是不是会更好（用药疗程较短）？
- 婚姻满意的士兵会降低医疗费用吗？
- 社会功能良好的士兵在生育、腿骨折或中暑后恢复得更快吗？
- 有没有办法找到"超级健康"的士兵（主观的、功能性的和生理的指标都很高），他们需要的医疗保健最少，很少生病，即使生病也恢复得很快？
- 心理健康的士兵在战斗中发生事故和受伤的可能性更小吗？
- 心理健康的士兵在执行任务时会较少因非战斗受伤、疾病和心理健康问题而撤离吗？

·领导的生理健康状况会感染下属吗？如果会，是不是无论好坏都会感染？

·通过突出优势测试测量出来的特定优势，是否能预测更好的健康状况和更低的医疗成本？

·宾夕法尼亚大学的心理弹性训练能在战场上和病床上拯救生命吗？

正如前文所述，我们正在重新分析六个数据库，并将我们为罗伯特·伍德·约翰逊基金会所做的努力与美军的士兵全面健康项目结合起来。敬请期待。

心血管的健康资产

我刚参加完高中毕业 50 周年的同学聚会。令我吃惊的是，同学们都非常健康。50 年前，67 岁的老人一般都裹着毛毯，坐在门廊的摇椅上等待死亡。现在，我的同学们还在跑马拉松。我就我们的预期死亡率做了简短的演讲。

今天，如果你 67 岁了，而且很健康，预期寿命应该还有 20 年。我们的父辈和祖辈在 67 岁时已经接近生命的终点了，而我们才刚刚进入生命的最后四分之一。有两件事可以让我们大大增加参加 70 周年聚会的机会。第一，要面向未来。多憧憬未来，而不是停留在过去。不要只为自己而工作，也要为了你的家庭、我们的母校、祖国和你挚爱的理想而工作。第二，要运动！

这是我对心血管健康研究现状的总结。是否有一套主观的、功能性的和生理的健康资产可以提高你对心血管疾病的抵抗力，使之超过平均水平？如果你已经有了心脏病，是否有一套主观的、功能性的和生理的健康资产可以改善你的预后？在心血管疾病的研究中，这个重要的问题基本上被忽略了，它们研究的重点是首次心脏病发作后会降低抵抗力或损害预后的风险因素。乐观作为一种健康资产，对心血管疾病的有益影响是一个良好的开端，心血管健康委员会的目标是拓宽我们对健康资产的认识。

运动有助于健康

"谁应该负责运动委员会？"我问雷·福勒。

很少有人在 50 岁还能有幸拥有导师。1998 年我当上美国心理协会主席时，雷就成了我的导师。10 年前，他当过协会主席，此后一直担任 CEO（真正的掌权者）。在我就任的前几个月，作为一名单纯的学者，我被心理学界的政治性搞得晕头转向。为了说服那些顶尖的私人医生支持循证治疗，我撞了南墙。很快，我就陷入了困境。

我把这一切都告诉了雷，他用他那柔和的亚拉巴马口音，给了我最好的政治建议："这些委员会有很大的权力。美国心理协会是一个政治雷区，他们已经在里面布了 20 年的雷。你不能一上手就用交易式的领导方式来对付他们——在这方面，他们才是行家。你的强项是变革式的领导。你的任务是改变心理学。发挥你的创造力，想出新的方式来领导美国心理协会。"

同时，我 5 岁的女儿告诉我不要再发牢骚了，再后来大西洋慈善基金会资助了我，这就是积极心理学的开端。从那以后，我时常向雷求教。

雷是一位 79 岁的马拉松运动员，他有着传奇般的意志力。30 年前，他是一个抑郁、超重、整天窝在家里的男人，之后决定改变自己。虽然从来没有长跑过，但他决定参加第二年的波士顿马拉松。事实证明，他做到了。他现在体重大约 55 千克，肌肉发达。每年夏天，美国心理协会都会举办一次 16 公里的长跑比赛，雷每次都在本组获胜。（他说，他获胜的唯一原因是他这个年龄段的选手越来越少了。）这项比赛现在被称为"雷·福勒赛"。

2008 年 1 月，雷作为访问学者之一，和我一起留在澳大利亚吉朗文法学校。一个非常炎热的晚上，他向教员们讲授体育锻炼和心血管疾病的关系，用数据说明每天走 1 万步的人心脏病发作风险会明显降低。讲座结束时，我们礼貌性地鼓掌，但真正的敬意体现在第二天，我们都出去买了计步器。正如尼采告诉我们的，好的哲学总是会说："改变你的人生！"

在回答我关于"谁应该领导运动委员会"的问题时，雷建议："运动的领导者应该是史蒂夫·布莱尔（Steve Blair）。我的运动知识都是从史蒂夫那里学来的。让他来试试吧。"

我邀请史蒂夫，他答应了。和雷一样，史蒂夫肌肉发达。如果说雷长得像豆角，那史蒂夫则长得像茄子——一个身高 1.6 米、体重 86 千克的茄子。和雷一样，史蒂夫喜欢跑步和步行。如果你看史蒂夫的侧影，会觉得他很胖，而他的研究正是关于肥胖与运动的关系。

健康与肥胖

美国有大量肥胖人群，以至于许多人称之为流行病，政府和私人基金会（包括罗伯特·伍德·约翰逊基金会在内）花费了大量资源来遏制这一流行病。不可否认，肥胖是引发糖尿病的一个原因，仅凭这一点，就有必要采取措施让美国人减少脂肪。然而，史蒂夫认为，真正的流行病和最可怕的杀手是不运动。他的论点并非信口开河，论据如下：

身体素质差与全因死亡率密切相关，尤其与心血管疾病密切相关。

在 4060 名 60 岁以上的成年人中，有 989 人死亡

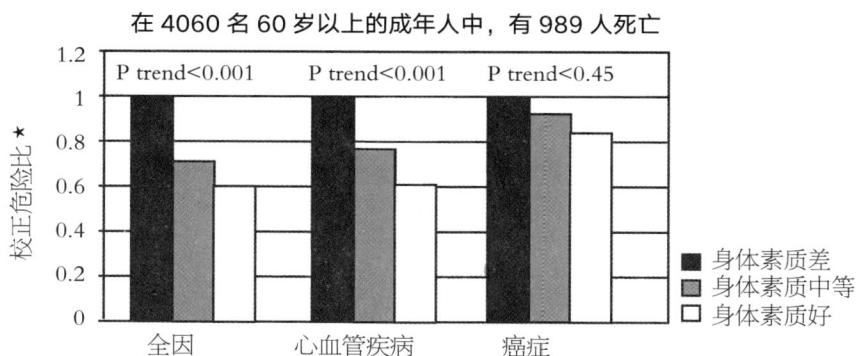

* 校正了这些因素的影响：年龄、性别、检验年份、BMI 指数、吸烟史、运动心电图异常反应、心肌梗死、脑卒中、高血压、皮肌炎、癌症或高胆固醇血症、心血管疾病或癌症家族史，以及运动期间达到的最大心率百分比。（X. Sui et al., JAGS 2007）

全因、心血管疾病及癌症导致死亡的校正危险比

  这些数据（以及其他许多数据）清楚地表明，超过 60 岁，身体素质好的男性和女性心血管疾病致死率和全因死亡率低于身体素质中等者，而中等者的死亡率又低于身体素质差的人。但这一结论在癌症方面尚未得到证实。缺乏运动和肥胖密切相关，胖人通常不太运动，而瘦人通常运动较多。

  那么，肥胖和不运动中哪个才是真正的杀手呢？

  大量文献表明，与瘦人相比，肥胖者死于心血管疾病的数量较多。这些文献很谨慎，已经考虑了吸烟、酗酒、血压、胆固醇等因素。不幸的是，只有个别研究控制了运动这个因素。但是史蒂夫的很多研究都考虑了这一点，以下是一个有代表性的例子。

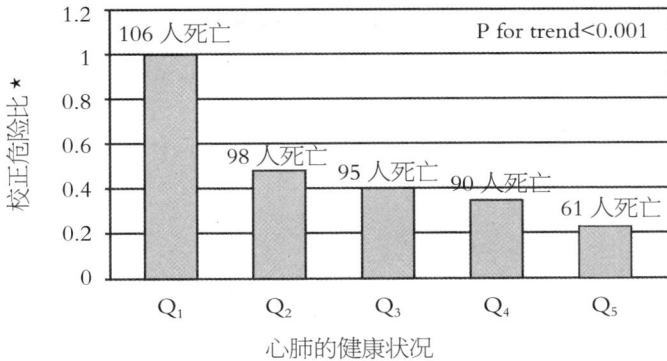

*校正了这些因素的影响：年龄、检验年份、吸烟史、运动心电图异常反应、基线健康状况和体脂百分比。（X. Sui et al., JAMA 2007; 398; 2507-16）

在 2603 名 60 岁以上的成年人中，相同体重、不同身体素质的死亡率

上图显示了五类身体素质不同的人群，在控制了体脂、年龄、吸烟等因素的情况下，由各种原因导致的死亡率。身体素质越好，死亡率越低。这意味着两个体重完全相同的人，如果一个身体素质居于前 20%，另一个居于后 20%，死亡概率相差很大。身体素质好的胖子比身体素质差的胖子死亡风险低差不多一半。

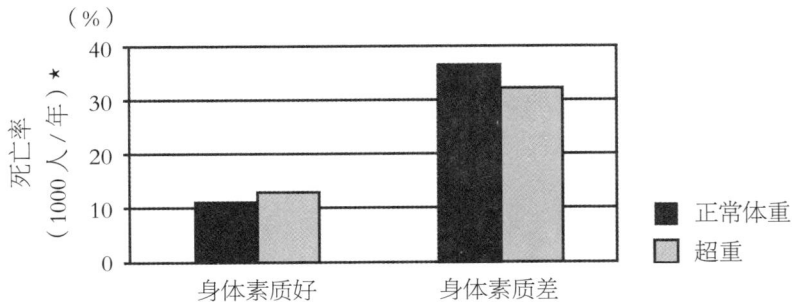

*控制了年龄、性别和检验年份因素。（X. Sui et al., JAMA 2007; 298; 2507-16）

在 2603 名 60 岁以上的成年人中，不同体重、不同身体素质的死亡率

这些数据显示了正常体重的人与肥胖者相比的死亡风险。在身体素质差的人群中，正常体重和肥胖者都有很高的死亡风险，是胖是瘦似乎并不重要。在身体素质好的人群中，胖人和瘦人的死亡风险都比身体素质差的人低得多，而胖人的死亡风险只是略高于瘦人。我现在要强调的是，身体素质好的胖人死亡风险并不高。

史蒂夫总结说，肥胖流行的一个主要原因其实是大家都窝在家里不动。肥胖会导致死亡率上升，但缺乏运动也是如此。目前还没有足够的数据来说明肥胖和不运动的影响哪个更大，但这些数据足够有说服力，能让我们提出要求，未来关于肥胖和死亡的研究都应该仔细考虑运动这一因素。

这些结论对肥胖的成年人很重要。大多数节食方法都是骗局，仅仅去年一年，在美国就骗了 590 亿美元。严格遵循畅销书中的任何一种食谱，你可以在一个月内减掉 5% 的体重。问题是 80% 到 95% 的人会像我一样，在未来的 3—5 年内反弹，回到原来的体重甚至变得更重。节食可以让你变瘦，但通常只是暂时的。然而，节食并不能使你更健康，因为对大多数人来说，无法长期坚持节食。

运动不是骗局。参加运动的人中，能坚持下来并保持健康的比例比节食高得多。运动是可以坚持下去的，并且能够自我维持，节食则不行。不过，即使它降低了你的死亡风险，也不会让你减掉很多体重。一般剧烈运动的人减掉的体重不会超过 2.5 千克。

乐观是心血管疾病的一种主观健康资产，而运动则是一种功能性健康资产：适量运动的人健康水平较高，死亡率较低；而不动的人健康状况较差，死亡率较高。运动对健康和疾病的有益影响最终被广泛接受，即使是在医学界最顽固的群体中。这一群体此前对任何非药物、非外科手术的治疗手段都相当抵制。美国卫生部部长在 2008 年的报告中指出，成年人每天需要相当于走 1 万步的运动量（每天不到 5000 步的运动量，会让人面临不必要的死亡风险。我想强调的是，这是有充分证据支持的研究）。每天可以通过游泳、跑步、跳舞、举重、瑜伽或其他运动方式来完成相当于 1 万步的运动量。

我们现在需要发现的是让人们动起来的新方法。不过，我不是在等新技术。我找到了一个真正适合我的方法。听完雷的演讲，第二天我就买了计步器，开始了我有生以来第一次步行锻炼，然后坚持了下来（20 年来，我坚持每天游泳 1 公里，但这实在太无聊了，我放弃了）。我组建了一个步行群。雷和史蒂夫也在其中，还有来自各行各业的十几个人，年龄从 17 岁到 78 岁不等，有唐氏综合征患者，也有大学教授。我们每天晚上互相报告当天走了多少步。一天的运动量不足 1 万步，就会感觉很失败。如果发现自己这天没走到 1 万步，我就会出去绕着街区走一走，达到 1 万步之后再汇报。我们互相鼓励，以实现超额的步行量：玛格丽特说自己走了 27692 步，我给她发了一个"哇"。我们会互相给出运动方面的建议：我的左脚踝疼了两个星期，朋友们帮我找到了正确原因，我给运动鞋加上了昂贵的新鞋垫，导致它变得太紧了。卡罗琳建议我："在网上买一个电脑支架吧。这样你就可以一边在网上打桥牌，一边在跑步机上锻炼了。"我们因为共同的兴趣走到了一起。我相信，这样的互联网组织是一种能拯救生命的新技术。

2009 年，我许下了一个新年愿望：走 500 万步，平均每天 13700 步。2009 年 12 月 30 日，我突破了 500 万步大关，得到了网友们"哇""多好的榜样啊"等称赞。这样的运动团体效果很好，所以我现在尝试用同样的方法控制饮食。40 年来，我每年都会节食失败一次。我知道，我就属于那 80%—95% 体重反弹的人群。但这次我又开始节食了。2010 年初，我的体重将近 98 千克，我开始每天晚上向网友报告卡路里摄入量和步数。昨天，我摄入了 1703 卡路里，走了 11351 步。今天——2010 年 2 月 19 日，20 多年以来，我的体重第一次降到 90 千克以下。

福祉政治学与福祉经济学

积极心理学背后有政治因素。然而，这并不是左派与右派对抗的那种政治。左派和右派的政治理念虽然不同——左派主张富国，右派主张强民，但从本质上讲，他们目标一致，都是追求物质和财富上的繁荣。积极心理学更重视目的，而非手段，其目的不是财富或征服，而是福祉。物质繁荣对积极心理学很重要，但它只能在一定范围内增加福祉。

超越金钱

财富的目的是什么？我相信，应该是福祉。但在经济学家眼中，财富是为了创造更多的财富，而政策是否成功是通过它增加了多少财富来衡量的。经济学的标准是 GDP，它能告诉我们国家做得有多好。如今，经济学在政策舞台上独占鳌头。所有日报都有专门报道财富的版面。经济学家在世界资本市场中占据重要地位。政客们竞选公职时，都会宣传他们将为经济做些什么，或已经做了些什么。我们经常听到关于失业、道琼斯平均指数和国债的电视报道。所有这些政策影响力和媒体报道都源于这样一个事实：经济指标是严格的、广泛可用的，并且每天都在更新。

工业革命时期，经济指标曾是衡量一个国家发展情况的标准。当时，衣食住行的需求还无法保证，而这些需求都与财富密切相关。然而，一个社会越繁荣，就越不能仅用财富来衡量它的发展状况。曾经稀缺的基本商品和服务越来越容易获得，以至于在 21 世纪，许多经济发达的国家的商品和服务都足够丰盛，或许到了过剩的地步。由于现代社会基本上满足了简单的需求，因此，要衡量各个国家的发展情况，财富以外的因素起着巨大的作用。

GDP 和福祉的差异

GDP 衡量的是生产和消费的商品和服务的数量，任何增加这一数量的事件都会增加 GDP。这些事件是否会降低生活质量并不重要。每次离婚，GDP 都会上升。每次两辆汽车相撞，GDP 就会上升。服用抗抑郁药的人越多，GDP 增长越快。警力保护越多，通勤时间越长，GDP 就越高，尽管这可能会降低生活质量——经济学家幽默地称之为"遗憾"。香烟销售和赌场利润都包含在 GDP 中。一些行业（如法律、心理治疗和药品）伴随着悲剧的增长而日渐繁荣。这并不是说律师、心理咨询师和制药公司不好，而是说，GDP 是盲目的，它不管商品和服务的增加伴随着人类的痛苦还是欢乐。

福祉和 GDP 的差异可以量化。50 年来，美国的 GDP 增长了 3 倍，但生活满意度一直持平不变。

更可怕的是，随着 GDP 的增加，不幸并没有减少，甚至可能变得更多。在过去 50 年里，美国的抑郁症发病率增加了 10 倍。每个富裕国家都是如此，但值得我们重视的是，贫穷国家的抑郁症发病率反倒没有增加。焦虑症的发病率也在上升。我们国家的社会联结变弱了，人们对他人和政府机构的信任度也在下降，而信任是福祉的主要预测因素之一。

财富与幸福

财富与幸福的关系到底是什么？其实，关于这个问题，你真正关心的是：如果想要生活满足，应该把多少宝贵的时间花在追求金钱上？

人们做了大量关于金钱和幸福的研究，有的在不同国家之间进行对比，也有的深入研究某一个国家，将富人与穷人进行比较。有两点结论得到了普遍的认同。

1. 钱越多，生活满意度越高。

如图所示，每个圆圈代表一个国家或地区，圆的直径与其人口成正比。横轴是 2003 年（有完整数据的最近年份）的人均 GDP，以 2000 年的美元购买力来衡量，而纵轴是一个国家或地区的平均生活满意度。撒哈拉以南非洲的大多数国家位于左下角，西欧国家出现在右上角，美国是位于右上角的大国。人均 GDP 较高的国家或地区生活满意度也比较高。请注意，左边的斜率最陡，在这里，钱越多，生活满意度越高，二者的关系最为紧密。

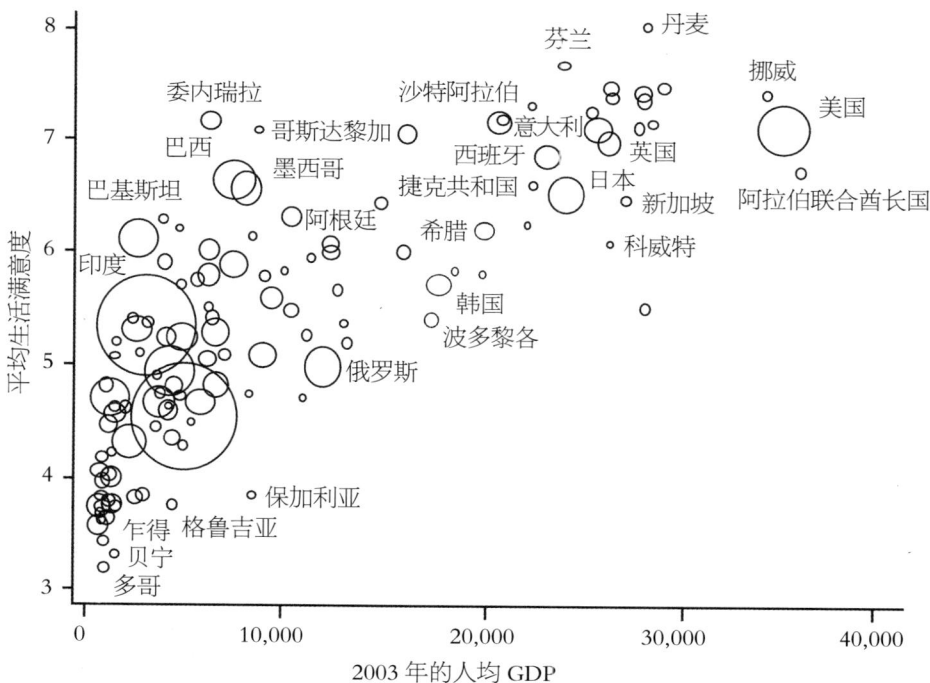

各国人均 GDP 与生活满意度的关系

2. 赚了更多的钱之后，很快就会达到生活满意度的转折点。

如果你仔细看上面的图，就会发现这一点，这一现象在一个国家内部会表现得更明显。在"安全网"之下，金钱的增加和生活满意度的提高齐头并进；而在"安全网"之上，需要越来越多的钱才能增加幸福感，这就是著名的"伊斯特林悖论"（Easterlin paradox）。最近，我在宾夕法尼亚大学的年轻同事贾斯汀·沃尔夫斯（Justin Wolfers）和贝齐·史蒂文森（Betsey Stevenson）对此提出了质疑。他们认为越来越多的钱会让你越来越快乐，而且根本没有满足点。如果是真的，这将对政策取向和个人生活产生重大影响。这是他们的妙论：上图显示了财富增长对生活满意度的回报递减，但如果重画这张图，将绝对收入改为对数收入，你瞧，曲线马上就变成直线了，看不到尽头。因此，尽管穷国人均收入增加 100 美元所带来的生活满意度是富国的 2 倍，但一旦将收入换算成对数，曲线就会拉成直线。

这只是一种把戏，但很有启发性。乍一看，你可能会从一条永无止境的直线上推断：如果想最大限度地提高生活满意度，就应该努力挣更多的钱，不管你已经有多少钱。或者说，如果公共政策是以增加国民幸福感为目标的，那么它应该创造更多的财富，无论这个国家已经多么富有。然而，将收入换算成对数的做法完全没有心理意义，对你（或政府）追求更多财富的行为也没有任何影响。这是因为你的时间是线性的（不是对数的）和宝贵的，时间就是金钱，你可以选择用宝贵的时间追求幸福，而不是赚更多的钱，特别是当你已经处于"安全网"之上的时候。考虑一下，明年要怎么分配时间，才能将幸福感最大化呢？如果你的收入是 1 万美元，而明年放弃 6 个周末去兼职能多挣 1 万美元，那么，兼职能大幅提升你的幸福感。如果你的收入是 10 万美元，而放弃 6 个周末去多挣 1 万美元，幸福感其实会减少，因为你放弃了与家人、朋友共度美好时光而失去的幸福感将超过额外的 1 万美元（甚至 5 万美元）所带来的微小增长。下面的表格说明了"财富可以无上限地增加幸福感"的说法有多么不可靠。

不同群体的生活满意度

《福布斯》排行榜评选出的最富裕的美国人	5.8
宾夕法尼亚的阿米什人	5.8
因纽特人（北格陵兰岛）	5.8
非洲马赛人	5.7
瑞典概率样本	5.6
留学生样本（2000 年，来自 47 个国家）	4.9
伊利诺伊的阿米什人	4.9
加尔各答贫民窟居民	4.6
加利福尼亚勒斯诺市的流浪汉	2.9
加尔各答的流浪汉	2.9

* 对"你对生活的满意度"的回答，从非常满意（7 分）到非常不满意（1 分），4 分代表中立态度。（本表中的数据由迪纳和塞利格曼于 2004 年调查完成。）

什么？300 位最富有的美国人并不比普通的阿米什人或因纽特人更幸福？至于幸福感随着收入对数的增加而稳步上升这一命题，就像我的高中政治老师所说的，"没错。但没有意义"。

几乎所有关于收入和幸福的研究中，使用的衡量标准实际上不是"你有多幸福"，而是"你对自己的生活有多满意"。在第一章中，当我讨论为什么我从幸福理论转向福祉理论时，剖析了生活满意度的问题。"你对自己的生活有多满意"的答案包含两个部分：一是你回答时的当下情绪；二是你对自己生活环境的持续评价。我放弃幸福理论的主要原因是，在这个所谓的黄金标准问题的答案中，70% 来自情绪，而只有 30% 是评价——我不认为短暂的情绪应该是积极心理学的全部。研究还发现，情绪和评价这两个组成部分会受到收入的影响。增加收入能增加你对生活环境评价的积极性，但它对情绪的影响不大。通过观察国家内部随着时间的推移而发生的变化，可以进一步证实这一点。从 1981 年到 2007 年，有 52 个国家对主观幸福感进行了大量的纵向研究。我很高兴地报告，其中 45 个国家的主观幸福感有所上升，而 6 个东欧国家（其中总共也只有 6 个东欧国家）的主观幸福感都下降了。重要的是，主观幸福感被分为幸福感（情绪）和生活满意度（评价），两个指标分别单独考察。生活满意度主要随着收入的增加而提高，而情绪则主要随着国家的宽容度提高而提高。因此，幸福随收入增加而增加的推论经不起推敲。事实是，你对生活环境的评价随收入增加而增加（毫不奇怪），但你的情绪并不会如此。

对比生活满意度与收入，一些非常有启发性的异常现象出现了，它们暗示着美好生活是超越金钱的。哥伦比亚、墨西哥、危地马拉和其他拉丁美洲国家，GDP 较低，但人民很幸福。丹麦、瑞士和冰岛等国家人民的收入非常高，而幸福感甚至比收入水平更高。加尔各答的穷人比圣地亚哥的穷人幸福得多。犹他州人民的幸福感远超收入水平。这些富足和贫瘠的对比，给我们提供了"什么是真正的福祉"的线索。

因此，我的结论是，不应再将 GDP 作为衡量一个国家好坏的唯一重要指标。这一结论的证据，不仅仅是生活质量和 GDP 之间令人震惊的差异。政策本身是根据衡量的标准制定的，如果衡量的标准都是钱，那么所有的政策都要围绕获得更多的钱展开。如果福祉也能成为衡量标准，政策就会改变，将目标转向增加人民的福祉。如果埃德·迪纳和我在 30 年前提出用福祉指数取代或补充 GDP，经济学家们一定会笑掉大牙。他们会自以为是地说，福祉根本无法衡量，或者至少不能像收入那样准确测量。但现在，这种说法不再正确了，我会在最后阐述这个问题。

金融危机

我写这本书的时候（2010 年上半年），世界大部分地区似乎正在从一场突然而可怕的金融危机中复苏。我当然也被吓怕了。接近退休，有妻子和七个孩子，1 年半前我的毕生积蓄减少了 40%。出了什么问题？我们能怪谁？随着股市暴跌，我听到了各种"替罪羊"的说法：贪婪、缺乏监管、薪酬过高的首席执行官（却又愚蠢到无法理解年轻聪明的雇员创造的金融衍生品）、布什、切尼和格林斯潘、卖空、短期主义、肆无忌惮的抵押贷款推销员、腐败的债券评级服务，以及投资银行贝尔斯登的首席执行官吉米·凯恩（Jimmy Cayne）在公司危机时还在打桥牌。我对这些因素的认识（除了吉米的桥牌）并不比读者诸君多。然而，有两大问题因素我很了解，可以发表一些见解，那就是糟糕的道德观和过于乐观的态度。

▷ 道德与价值观

"我们要为经济衰退负责，马丁。我们给这些学生披上 MBA 的羊皮，他们去了华尔街，创造了这些灾难性的金融衍生品。他们狼狈为奸，尽管知道从长远来看，这些衍生品对公司和整个国家经济都是有害的。"我的朋友杰瑞·温德（Jerry Wind）这么说。

杰瑞是宾夕法尼亚大学沃顿商学院的营销学教授，也是当地大学政治和国际金融的敏锐的评论员。他说："教师可以阻止这种情况再次发生。难道我们不应该把道德教育作为商业课程的重要组成部分吗？"

道德？

如果杰瑞的分析是正确的，经济衰退是由金融界的数学奇才和贪婪的销售人员造成的，他们明知道那些金融衍生品必然造成长期的危机，但鉴于短期内获利巨大，还是拼命售卖，那么，道德课程会有帮助吗？对道德的忽视是问题所在吗？我认为，这是对道德寄予了太多厚望，却忽视了价值观的影响。一位母亲冲进燃烧着的大楼去救她的孩子，她不是基于任何道德原则，这也不是道德行为。她冲了进去，是因为孩子的生命对她来说极其重要，是因为她非常关心孩子。普林斯顿的哲学家哈里·法兰克福（Harry Frankfurt）曾经写过一篇著名的文章《论废话》（*On Bullshit*），他在著作《我们关心之事的重要性》（*The Importance of What We Care About*）中提出，哲学从未提出一个极为重大的问题，那就是如何理解我们所关心的东西。

道德和我们关心之事绝不是一回事。我可能是一个道德推理大师，可能是一个道德哲学的天才，但如果我真正想做的是与儿童发生性关系，这种行为理应被人鄙视。道德是你用来获得所关心的东西的规则。而你所关心的东西，也就是你的价值观，比道德观更重要。没有一门哲学会教我们应该关注什么，心理学也是如此。为什么一个人会开始关心桥牌、乳房、攒钱或绿化世界？这是我在整个职业生涯中一直努力解决的问题，但还没能很好地理解它。

我们本能地会关心一些事情：水、食物、住所和性。但我们关心的大部分事物来自后天习得。弗洛伊德把后天习得的关心称为"贯注"（cathexis）：当一些中性事件（比如看见一条蛇）和创伤（比如手被车门牢牢夹住）同时发生，消极贯注就发生了，蛇变得很邪恶。当中性事件和迷恋同时发生时，比如一个男孩的姐姐用脚帮他自慰，他可能会形成恋脚癖，深深迷恋女性的脚，后来当上了鞋类推销员，过上了不错的生活——这就是积极贯注。现代人格研究的创始人之一戈登·奥尔波特（Gordon Allport）将这一结果称为"动机功能自主性"。邮票曾经只是一小片中性的彩色纸片，却被集邮者深深热爱。奥尔波特和弗洛伊德观察到了这一点，但都没能给出解释。

我的解释是"有准备的"巴甫洛夫条件反射。在老鼠听到铃声的同时，让它们吃到甜点，足部给予电击，它们以后会害怕铃声，但仍然喜欢甜点。当同样的铃声和甜点伴随着胃病时，它们会讨厌甜点，对铃声却没什么反应。这被称为"加西亚效应"，由特立独行的心理学家约翰·加西亚（John Garcia）在 1964 年提出，它推翻了学习理论和英国联结主义的第一原则：任何刺激只要与任何其他刺激配对，就会被大脑联结在一起。我把加西亚效应称为"蛋黄酱现象"，有次吃晚餐，我吃了蛋黄酱，看了歌剧《王者之心》（*Tristan and Isolde*），紧接着得了肠胃炎，随后我开始讨厌蛋黄酱，却仍然喜欢《王者之心》。（我经常举这个例子，所以批评我的人经常讥讽说这是"自《最后的晚餐》之后最广为人知的一顿饭"。）学习是具有生物选择性的，有进化准备的刺激（味觉和疾病）很容易学会，反之则不然（铃声和疾病）。有准备的恐惧条件反射（比如让一张中性的蜘蛛图片与手部电击配对）只要发生一次，就很难消除，并且很难用理性解决——即使看到蜘蛛不会再遭受电击，也于事无补。容易学习、难以消除和非理性是贯注和动机功能自主性的特性。

我推测，有准备的学习不只是发生在同一种群内（猴子会在看到老猴子怕蛇后开始害怕蛇），而且可能具有家族遗传性：某种特定的恐惧会在家族中流传，同卵双胞胎比异卵双胞胎更容易双双抑郁，人格特质也更一致。因此，对乳房、邮票、精神生活或自由政治的贯注倾向可能来自生理上的准备和遗传：容易学习、难以消除，而且非理性。这是我很有探索性但并不完整的解释，但我相信它已经进入了正确的轨道，我会坚持继续探索。

因此，在我看来，如果沃顿商学院的 MBA 毕业生只关心快速发财，哪怕给他们上 10 门道德课，也毫无用处。这不是道德问题，而是他们关心什么的问题。价值观课程可能也没什么用处——虽然我们不知道价值观来自哪里，但肯定不是来自课堂和老师布置的阅读读物。

我和杰瑞的谈话发生在去上课的路上。我是"创意和营销"这门 MBA 课程的客座讲师。碰巧在前一个周末，我在西点军校给学员们讲课。这两组人之间的差异大得惊人。差异并不在于成绩、智商或成就——这两所大学都属于世界顶级名校，这方面没有太大区别。最大的差异是他们关心的东西截然不同。沃顿商学院的 MBA 学生关心赚钱，西点军校学员则关心为国家服务。学生选择什么样的学校，本身就是根据自己所关心的事物而进行的。如果我们的商学院希望避免贪婪和短期主义造成的经济后果，就必须选择更具有道德标准、目光更长远的学生。

如果沃顿商学院要开设一门新课程，不应该是关于道德的。相反，它应该是"积极商业"，目的是拓宽 MBA 学生关心的领域。我们所关心的积极成就是福祉的要素之一。一门积极商业课会告诉大家，福祉来自五种不同的追求：积极情绪、投入、积极成就、积极关系和意义。如果你想要福祉，却只关心成就，就注定无法得到。如果我们想让学生获得丰盛人生，除了教他们挣钱，还必须告诉他们，积极的企业和个人必须培养意义、投入、积极情绪和积极关系。根据这种观点，积极企业的底线是利润，然后再逐次加上意义、积极情绪、投入和积极的人际关系。

对于我们这些经济衰退的受害者来说，这也是一个教训。当我看着自己的毕生积蓄一天比一天减少时，我想知道，如果股市进一步崩盘，我们全家的福祉会如何？福祉理论认为福祉包括五个要素：积极情绪、投入、意义、人际关系和成就。财富的大幅缩水会怎样影响我的这五个方面呢？总的积极情绪肯定会下降，因为我们可以买到很多积极情绪：高级餐厅的美食、戏票、按摩、隆冬去阳光灿烂的地方度假，以及给我女儿的漂亮衣服。但我生活的意义和投入不会改变，它们源于我的归属感，相信自己所服务的使命比自己更重要。就我而言，我相信，通过写作、研究、领导和教学，我能增加这个世界的福祉，金钱的减少对此不会有什么影响。我的亲密关系甚至可能因为金钱减少而得到改善：全家人一起做饭，一起读书，学习按摩，而不是去按摩店购买服务，冬天晚上一起坐在火炉旁烤火，一起做衣服。请记住，研究结果反复告诉我们，在同等价格的前提下，体验比物质商品带来的福祉更多。成就不会受到影响：即使没有人付钱给我，我也会写这本书（事实上，我是写完一大半之后才告诉出版商的）。

改变生活方式令人痛苦，但通过仔细观察，我得出结论，我自己和家人的福祉实际上并没有降低多少。我之所以觉得经济衰退如此可怕，其中一个原因是我生长于大萧条时期。大萧条发生时，我的父母都很年轻，他们对未来的看法彻底改变了。"马丁，"他们告诉我，"你以后要当医生。什么时候都需要医生，这样你就永远不会挨饿。"1929 年，华尔街崩盘，当时并没有"安全网"，人们忍饥挨饿，缺乏医疗，也供不起孩子上学。我母亲为了养家糊口，从高中辍学，我父亲则选择了他所能找到的最安全的公务员工作，但代价是永远无法发挥其巨大的政治潜力。此后，每个富裕国家都建立了"安全网"，因此 2008—2009 年的金融危机尽管很严重，却得到了缓冲，没有人挨饿，医疗保健完好无损，教育也仍然是免费的。知道这一点也缓解了我的恐惧——凌晨 4 点仍然害怕，其他清醒的时间则好受多了。

▷ 乐观与经济学

据我所知，在人们心目中，经济衰退的一个罪魁祸首是道德问题，另一个则是乐观主义。丹尼·卡尼曼（Danny Kahneman）是普林斯顿大学教授，也是唯一一位研究福祉而拿到诺贝尔奖的心理学家。他对自己的标签相当严苛，他不称自己为积极心理学家，并让我不要这样叫他。但我认为他就是积极心理学家。卡尼曼对乐观的态度很矛盾。一方面，他不反对乐观，认为它是"资本主义的引擎"；另一方面，他讨厌过度自信和盲目乐观，说："人们之所以会去做不擅长的事情，就是因为相信自己能成功。"盲目乐观是卡尼曼提出的"规划谬误"（Planning fallacy）的近亲，在这种情况下，规划者长期低估成本，高估收益，因为他们完全忽略了相似项目的基本统计数据。卡尼曼认为，这种乐观情绪可以通过练习得到纠正：投资者应系统地记住并切实地演练类似的项目过去的实际表现。这是一项类似于"转换视角"的练习，在士兵全面健康项目中，我们用它来纠正消极的盲目悲观。

芭芭拉·埃伦赖希讨厌希望，对乐观也是同样的态度。在她的"积极思维摧毁经济"一章中，将 2008—2009 年的经济衰退归咎于积极思维。她告诉我们，脱口秀主持人奥普拉（Oprah）、电视先锋作家约尔·奥斯汀（Joel Osteen）和托尼·罗宾斯（Tony Robbins）等励志大师，能迅速刺激公众购买超出他们偿还能力的东西。支持积极思维的高管教练让首席执行官们产生了一种病毒式的想法——经济将不断增长，可从中谋取利益。她把我比作童话里的巫师，认为学术界为这些推销商提供了科学道具。埃伦赖希提出，我们需要的是现实主义，而不是乐观主义。事实上，培养现实主义而非积极性，就是她整本书的主题。

这是无稽之谈。

认为乐观导致了经济崩溃的观点毫无道理。恰恰相反，乐观主义使市场上涨，而悲观主义导致市场下跌。我不是经济学家，但我认为，大家都对未来持乐观态度时，股票（以及一般商品价格）就会上涨；而大家都对未来持悲观态度时，就会下跌。（这就像是布朗克斯饮食法：想减肥就少吃，想增肥就多吃。）股票或金融衍生产品的真正价值不可能与投资者的认知和期望无关。金融产品不过是一张纸，对它未来价格的看法会强烈影响其价格和价值。

▷ 反身现实与非反身现实

现实分为两种。一种不受人的想法、欲望、愿望或期待的影响。如果你是一名飞行员，决定是否要在雷雨期间飞行，要面对的是这种独立的现实。如果你要决定读哪所大学的研究生，也需要面对独立的现实，比如你与教授相处得如何，是否有足够的实验室空间，能否负担得起学费等。你向别人求婚而被拒绝，也是这类现实。在这些情况下，你的想法和愿望不会影响现实，我完全支持在这种情况下的现实主义。

另一种现实——商人、慈善家乔治·索罗斯（George Soros）称之为"反身现实"（Reflexive reality），这种现实会受到预期和感知的影响，有时甚至由预期和感知决定。市场价格是一种反身现实，受到感知和预期的强烈影响。关于股票价格的现实主义总是事后诸葛亮（如果价格狂跌，你就被贴上了乐观主义者的标签。如果价格猛涨，你就是个天才。如果卖得太早，则会被贴上信心不足的悲观主义者的标签）。你愿意花多少钱买股票，不但取决于对股票真实价值的判断，也取决于市场对这只股票未来价值的感知和判断。如果投资者都认为市场看好该股票未来的价格，股价就会上涨。当投资者对于未来股市的看法盲目乐观时，该股的价格也会上涨。当投资者对未来股市非常悲观时，股票的价格就会崩溃，经济也随之走向萧条。

在此，我必须补充一点，乐观和悲观并不是全部，一些投资者仍会关注基本面。从长期来看，基本面决定了股票的价格范围，价格通常大致围绕基本面价值波动，但短期价格会受到乐观和悲观情绪的严重影响。即使如此，我相信这种"现实"具有反身性，市场对基本面未来价值的预期会影响（即便不是决定）基本面价值。

金融衍生品（以及更普遍的商品和服务）也是如此。房地产衍生品是导致这次经济衰退的重要原因。当投资者对自己偿还按揭贷款的能力感到乐观时，按揭价值就会上升。然而，偿还按揭的能力不是真正的能力，而是一种对偿还能力的感知，主要取决于银行取消抵押品赎回权的意愿、预期的房地产未来价格以及贷款利率。当投资者对房地产的未来价格感到悲观时，其价值就会下降，信贷投放也会收紧。如果收取的利息超过了人们对出售房产的价格的预期，取消贷款的意愿就会随之上升。因此，驱动力是投资者对房地产未来价格和按揭还款能力的感知。这些认知是自我实现的，就像物理学家维尔纳·海森堡（Werner Heisenberg）的测不准原理[1]一样，认知会影响贷款人偿还债务的能力。如果投资者对抵押贷款的价值持乐观态度，房地产市场价格就会上涨。

因此，乐观主义导致经济崩溃的说法纯属胡说八道。事实上，情况正好相反。乐观使股票上涨，悲观导致股市下跌。病毒式的悲观情绪导致了经济衰退。

更确切地说，埃伦赖希的错误是混淆了不影响现实的乐观主义和影响现实的乐观主义。明年费城会不会出现日全食，我的希望对此没有影响。然而，股票未来的价格如何，投资者的乐观和悲观情绪会对此产生强烈的影响。

---

1 也称"不确定性原理"，认为人们对一个事物的观察和测量不可避免地会扰乱那个事物，从而改变它的状态。作者用这个原理比喻人们对经济形势的感知和预测会影响到经济形势。——译者注

　　埃伦赖希劝人们接受现实，这种做法带来的问题比误解经济学更危险。她不仅希望患有乳腺癌的女性接受疾病的"现实"，还将乐观、希望与"糖衣"和"否认合理的愤怒和恐惧情绪"混为一谈。回避乐观并非好事，甚至可能带来致命的医学建议，因为无法通过上一章概述的任何一种因果途径带来更好的医疗结果。在埃伦赖希所追求的世界里，人类福祉似乎只来源于阶级、战争和金钱等外部事物。如此狭隘的世界观忽略了大量的反身现实——在反身现实中，人们的想法和感受会影响未来。积极心理学（以及这本书）的内容正是围绕着这种反身现实展开的。

　　这个更重要的反身现实的例子，一定与你的生活相关：你如何积极地看待自己的配偶。纽约州立大学水牛城分校教授桑德拉·默里（Sandra Murray）对良好婚姻进行了一系列非同寻常的研究。她认真测量了人们对配偶的看法：他有多英俊、多善良、多有趣、多忠诚、多聪明。同时，她让被调查者最亲密的朋友回答了关于被调查者配偶的同样问题，并记录了二者的差异。如果你比你的朋友更看好你的配偶，你的分数就会比朋友高。如果你是一个"现实主义者"，对配偶的看法和你的朋友一样，那么两个分数没有差异。如果你对配偶的看法比你的朋友更悲观，你的分数会比朋友低。婚姻的好坏直接取决于差异的积极程度。对伴侣抱有强烈美好幻想的人，婚姻比其他人好得多。背后的机制很可能是配偶知道你的幻想，并且试图实现这些幻想。乐观有助于爱情，悲观则有害。不管埃伦赖希怎么说，文献都已明确证明，和婚姻一样，乐观促进健康，悲观则有损健康。

　　如果你的期望不能改变现实，我完全支持现实主义。但如果你的期望能够改变现实，坚持现实主义就糟透了。

PERMA 51

　　正如我们所见，财富对生活满意度的贡献很大，但对幸福或好心情的贡献不大。与此同时，GDP（测量财富的良好指标）和福祉之间存在巨大差异。按照传统的算法，繁荣就等于财富。现在，我想提出一种更好的目标和衡量方式，将财富和福祉结合起来，我称之为"新的繁荣"。

当一个国家处于贫困、战争、饥荒、瘟疫或内乱阶段，首先应该关心的当然是减少破坏、建立防御。事实上，痛苦危难贯穿了大部分人类历史上的大多数国家。在这种情况下，GDP 对发展有着明显的影响。然而，如果国家富裕、和平，人民营养充足、健康、和睦相处，情况就不一样了，人们会追寻更高的目标。

15 世纪中叶的意大利佛罗伦萨就像一座灯塔。由于美第奇家族在银行业的天才经营，到了 1450 年，佛罗伦萨变得非常富有。至少与过去和欧洲其他国家相比，当时的佛罗伦萨和平、富饶，人民健康、和谐。佛罗伦萨开始考虑并讨论如何运用财富，将军们提议征服别的城池。然而，老柯西莫·美第奇（Cosimo de'Medici）的意见胜利了，佛罗伦萨把剩余的钱投资在了对美的追求上，它带给我们的是 200 年后人们赞颂的文艺复兴。

我们要如何投资我们的财富？我们能带来什么复兴？

后现代主义者理解的历史是"一件接一件倒霉的事情"。我相信后现代主义者被人误导了，同时又误导了他人。我相信，历史就是人类进步的记录，除非被意识形态蒙蔽了，才看不到进步的现实。尽管在历史记载中，道德和经济断断续续、有起有落，但整体仍在向上发展。我生于美国大萧条和大屠杀时代，对仍然存在的可怕障碍了如指掌。我清楚地看到了繁荣的脆弱性，也看到尚有数十亿人没有享受到人类进步的硕果。但不可否认的是，即使在 20 世纪，也就是整个人类历史中最血腥的一个世纪，我们打败了法西斯主义，学会了如何养活 60 亿人，创造了全民教育和全民医疗。我们的实际购买力提高了 5 倍多。人类寿命不断延长。我们开始控制污染，保护地球，在对抗种族歧视和性别歧视方面取得了巨大进展。暴君时代即将落幕，民主时代已经扎下了坚实的根基。

经济上的胜利是 20 世纪值得我们骄傲的遗产。那么，21 世纪会给我们的子孙后代留下什么礼物？

2009 年 6 月，在国际积极心理学会（International Positive Psychology Association）的第一届国际大会上，我被问到这个问题。当时，大约 1500 名科学家、教练、教师、学生、医疗工作者和高管们聚集在费城，聆听有关积极心理学前沿研究和实践的讲座。在董事会议上，宾夕法尼亚大学 MAPP 项目的负责人詹姆斯·帕维尔斯基提问："我们能描绘出什么样的愿景，就像约翰·肯尼迪（John Kennedy）将人送上月球那样宏伟而鼓舞人心？什么是我们的登月计划？积极心理学的长期使命是什么？"

正在此时，剑桥大学的福祉研究所所长费利西娅·赫珀特侧过身来，把自己为此次会议准备的论文递给我。在本书第一章的结尾，我向大家介绍了她的研究，在全书的结尾，我将进一步阐述她的研究前景：赫珀特和蒂莫西·索调查了 23 个国家具有代表性的 4.3 万名成年人，测量了他们的丰盛程度，将其定义为拥有高度的积极情绪，并在这几项中至少有三项表现出色：自尊、乐观、心理弹性、活力、自主和积极的人际关系。

这些都是丰盛的严格标准。其中三个核心要素（积极情绪、投入和意义）来自"真实的幸福"理论，但加上其他要素（其中最重要的是积极的人际关系），就更接近于福祉理论。我建议将成就作为要素之一，这样一来，处于积极情绪、投入、意义、积极的人际关系和积极成就的上游，就是我的丰盛标准。

请注意，这些标准不仅仅是主观的。在社会科学领域，人们已经可以接受（即使不完全被尊敬）测量福祉，我的朋友理查德·莱亚德等人主张，应该将幸福（心情愉快、对生活满意）作为常用的度量标准。然后，我们要评价一项政策好不好，就应该看它能带来多少幸福。虽然衡量幸福比只衡量 GDP 前进了一大步，而且确实是"真实的幸福"理论所提倡的，但这还远远不够。第一个问题是，幸福是一个完全主观的目标，缺少客观的衡量标准。

积极的人际关系、意义和成就既有客观成分，也有主观成分：不仅是你对人际关系的感觉，还有这些人对你的感觉；不仅是你的意义感（你可能会被欺骗），还有你真正归属和服务于伟大使命的程度；不仅是你对自己所做的事情感到有多自豪，还有你是否真正实现了自己的目标，以及这些目标对你所关心的人和世界的影响。

仅仅用幸福指数来衡量政策的第二个问题是，它低估了世界上一半人的意见，也就是那些性格内向、积极情绪较低的人。一般来说，同样是结交了新朋友或游览著名景点，内向者感受到的积极情绪和兴高采烈程度不如外向者。这意味着，如果我们通过计算公园能带来多少额外的幸福决定是否建造一个新公园，我们就低估了内向者的态度。而衡量一项政策将创造多少福祉——包括了增加的幸福、投入、意义、关系和成就，不仅要更加客观，而且要更加民主。

如何准确衡量福祉的各个要素？如何将财富与福祉结合起来？客观标准与主观标准的权重各自应是多少？我希望能看到针对这些问题的激烈辩论，使具体方案得到极大改进。一部分棘手的问题具有非常现实的后果，例如，如何衡量一个国家内部的收入差距？如何衡量心流和愉悦在积极情绪中的分量？如何衡量成功养育子女？如何衡量志愿活动？如何衡量绿色空间？在关于福祉指数应该包含哪些内容的政治和实证争论中，重要的是要记住，福祉并不是人类唯一看重的东西。我丝毫不打算鼓吹将福祉作为影响公共政策的唯一因素。我们应珍视正义、民主、和平和宽容等，它们可能与福祉相关，也可能不相关。但未来需要我们衡量福祉，在制定政策时应考虑到福祉，而不仅仅是金钱。对福祉的测量将是我们传给子孙后代的礼物之一。

我们的礼物不仅是测量丰盛的方法，也包括更加丰盛蓬勃本身。我始终在强调丰盛带来的下游效应。这本书的大部分内容都是关于这些下游效应的：当个人丰盛蓬勃时，健康、生产力以及和平随之而来。考虑到这一点，现在，我可以阐述积极心理学的长期使命了。

到 2051 年，帮助世界上 51% 的人拥有丰盛蓬勃的人生。

我知道实现这一目标的巨大好处，也明白这是多么巨大的挑战。心理学家会在一对一的指导或治疗课程中提供帮助，但这只是杯水车薪。积极教育对此有所帮助：教师将福祉原则融入教学中，能让学生的抑郁和焦虑情绪下降，幸福感上升。军队中的心理弹性培训会对此有所帮助：能促使士兵的创伤后应激障碍降低，心理弹性提高，创伤后成长变得更加普遍。这些心理素质较好的年轻士兵将成为更优秀的公民。积极商业会对此有所帮助：商业的目标不仅是利润，还有更好的关系和更多的意义。政府能对此有所帮助：不只衡量 GDP 的增长，也以增加福祉作为政策的判断标准。积极的信息技术也会对丰盛蓬勃有所帮助，甚至可能起到关键作用。

但即使有积极信息技术的帮助，也不一定能达到 51% 的目标。全世界一半以上的人口生活在中国和印度，这两个伟大的国家都在积极追求 GDP 的日益增长，因此，要推广福祉的重要性，也必须扎根于此。2010 年 8 月，中国和印度都召开了自己的第一届积极心理学大会。我无法预见，亚洲将如何实现除财富之外的丰盛蓬勃，但我注意到了：幸福感比抑郁更具传染性，围绕积极目标的上升螺旋将要出现。

尼采分三个阶段分析了人类的成长和历史。第一阶段他称为"骆驼"。骆驼只会坐着，呻吟并忍耐一切。有记载的历史中，前 4000 年都属于骆驼阶段。第二阶段他称为"狮子"。狮子会说"不"——对贫穷说"不"，对暴政说"不"，对瘟疫说"不"，对无知说"不"。1776 年以来，甚至从 1215 年起草《大宪章》（*Magna Carta*）[1] 以来，西方政治一直在进行着说"不"的艰难斗争。不可否认，这发挥了不小的作用。

如果狮子真的成功了呢？如果人类真的能对所有不利条件说"不"呢？然后呢？尼采告诉我们，发展还有第三个阶段，那就是"孩子"。孩子会问，

1　也称《自由大宪章》，英国封建时期的重要宪法性文件。——译者注

"我们能对什么说'是'呢？"什么能得到每个人的肯定？

我们可以对更积极的情绪说"是"。

我们可以对更多的投入说"是"。

我们可以对更好的关系说"是"。

我们可以对生命中更多的意义说"是"。

我们可以对更积极的成就说"是"。

我们可以对更好的福祉说"是"。

附
录

▽▽

突出优势测试

现在，我将逐一描述这 24 项优势。我的描述很简洁，但足以让你区分不同的优势。我的目的是，希望你能对这些优势形成清晰的认识。对每个优势描述的末尾，都有一份自我评估量表供你填写，其中包括从完整问卷中选出的最具辨别力的两个问题，完整问卷[1]可以在网站 www.authentichappiness.org 上找到。你的答案能体现出你的优势排列顺序，这个顺序与完整问卷得出的顺序大致相同。

▷ **智慧与知识**

第一个美德集群是智慧。有六条途径可以展示智慧，其中必要的先决条

1　该问卷是克里斯托弗·彼得森和马丁·塞利格曼指导下的 VIA 项目研究成果。曼努埃尔 D.（Manuel D.）和罗达·梅尔森基金会（Rhoda Mayerson Foundation）为这项研究提供了资金。本改编版和网站上的完整版版权均属于 VIA。

* The questionnaire is the work of the Values-in-Action （VIA） Institute under the direction of Christopher Peterson and Martin Seligman. Funding for this work has been provided by the Manuel D. and Rhoda Mayerson Foundation. Both this adaptation and the longer version on the website are copyrighted by VIA.

件是知识。我按照发展的程度来排列这些优势，最基本的是好奇心，最成熟的是洞察力。

1. 好奇心 / 对世界的兴趣

对世界的好奇心意味着对经验的开放性，对不符合个人预想的事情产生尝试的兴趣。好奇的人不会简单地容忍模棱两可的情境，他们喜欢一件事物，就会去探索它。好奇心既可以是具体的（例如，只对多头玫瑰），也可以是普遍性的，对任何事情都睁大眼睛去观察。好奇心让我们积极地探索新奇的事物，而不是被动地吸收信息（例如，坐在沙发上边吃薯片边看电视）。好奇心的反面是容易感到无聊。

如果你不打算用网上的问卷，请回答以下两个问题：

A. "我对这个世界总是很好奇"这句话：

非常符合我 5

符合我 4

中立 3

不符合我 2

非常不符合我 1

B. "我很容易感到无聊"这句话：

非常符合我 1

符合我 2

中立 3

不符合我 4

非常不符合我 5

将这两项的分数加起来，写在这里_____。这是你的好奇心得分。

2. 热爱学习

热爱学习新事物，无论是在课堂上还是在生活中。喜欢上学、阅读和去博物馆，以及去任何有学习机会的地方。你是某个领域的专家吗？你的专业知识得到了社交圈里的人的重视，还是被更大范围的人所重视？即使没有任何外部激励，你也喜欢学习这些东西吗？例如，邮政工作者都有邮政编码方面的专业知识，但这只是为了工作需要，并不代表他们对此感兴趣。只有在我们是为了知识本身而学习时，才能反映出这是一种优势。

A. "每次学新东西我都很激动"，这句话：

非常符合我 5

符合我 4

中立 3

不符合我 2

非常不符合我 1

B. "我从不专程去参观博物馆"，这句话：

非常符合我 1

符合我 2

中立 3

不符合我 4

非常不符合我 5

将这两项的分数加起来，写在这里_____。这是你的热爱学习得分。

3. 判断力 / 批判性思维 / 开放性

能够全面、深入思考事情，是一个重要的优势。这样的人不会草率地下结论，只依靠确凿的证据做出决定，并且愿意改变自己的看法。

我所说的判断力，是指客观、理性地筛选信息，做出的判断利人也利己。从这个意义上讲，判断力是批判性思维的同义词。它以事实为导向，与过度人格化（"总是我的错"）和非黑即白的思维方式等"逻辑错误"截然不同，许多抑郁症患者都会受到后者困扰。这种优势的反面是只站在自己的角度思考，只想证实自己已经相信的东西。这一优势的特点就是不会将自己的需求与事实混淆。

A. "只要有需要，我可以很理性地思考问题"，这句话：

非常符合我 5

符合我 4

中立 3

不符合我 2

非常不符合我 1

B. "我倾向于很快做出判断"，这句话：

非常符合我 1

符合我 2

中立 3

不符合我 4

非常不符合我 5

将这两项的分数加起来，写在这里_____。这是你的判断力得分。

4. 创造性 / 独创性 / 实用智慧 / 街头智慧

面对自己想要的东西时，会寻找新奇而适当的方法以达到目标。这类人很少满足于用传统的方式做事。这种优势包括人们常说的创造力，但我指的不仅是传统意义上的、艺术方面的创造力，还包括"实用智慧"。更直截了当地说，是常识。或者更直截了当地说，是街头智慧。

A. "我喜欢想出新的做事方式"，这句话：

非常符合我 5

符合我 4

中立 3

不符合我 2

非常不符合我 1

B. "我的大多数朋友都比我有想象力"，这句话：

非常符合我 1

符合我 2

中立 3

不符合我 4

非常不符合我 5

将这两项的分数加起来，写在这里＿＿＿＿＿。这是你的创造力得分。

5. 社会智力 / 个人智力 / 情商

社会和个人智力是对自我和他人的了解。这类人能理解别人的动机和感受，也能很好地回应他们。具有社会智力的人能注意到人与人之间的差异，特别是在情绪、气质、动机和意图方面的差异，然后根据这些差异采取适当的行动。这种优势不应与内省或沉思混淆，它会体现在社交技巧中。

个人智力包括对自己的感受进行评估和调整，以及利用这些知识理解和指导行为的能力。总的来说，丹尼尔·戈尔曼（Daniel Goleman）将这些优势称为"情商"（EQ）。这个优势可能是其他优势（如友善和领导力）的基础。

这种优势的另一个层面是能找到自己的用武之地，进入能最大限度发挥技能和兴趣的环境。你是否选择了自己的工作、亲密关系和业余爱好，最大限度地发挥自己的优势？你所做的工作是不是你最擅长的事情？盖洛普调查发现，对工作最满意的是"工作就是自己最拿手的事情"的人。迈克尔·乔丹是一个平庸的棒球运动员，却是一位伟大的篮球明星。为了找到适合自己的位置，你必须先确定自己最擅长的是什么，一方面要找到自己的优势和美德；另一方面则要靠天赋和能力。

A. "无论什么样的社会环境，我都能适应"，这句话：

非常符合我 5

符合我 4

中立 3

不符合我 2

非常不符合我 1

B. "我不太善于感知别人的感受"，这句话：

非常符合我 1

符合我 2

中立 3

不符合我 4

非常不符合我 5

将这两项的分数加起来，写在这里_____。这是你的社会智力得分。

6. 洞察力

我用"洞察力"这个词来描述这一类别中最成熟的优势：智慧。其他人会找这类人帮忙，他们会用自己的经验来帮助其他人解决问题，提出建议。这类人看待世界的方式，对他人和自己都很有意义。智慧的人是解决生活中最重要、最棘手问题的专家。

A. "我可以看到问题的整体脉络"，这句话：

非常符合我 5

符合我 4

中立 3

不符合我 2

非常不符合我 1

B. "别人很少来找我征求意见"，这句话：

非常符合我 1

符合我 2

中立 3

不符合我 4

非常不符合我 5

将这两项的分数加起来，写在这里＿＿＿＿。这是你的洞察力得分。

▷ **勇气**

勇气是指在面对巨大的逆境时，朝着不确定但有价值的目标勇往直前的意志。这一美德受到全世界的普遍赞赏，每一种文化中都有体现这一美德的英雄。我把勇敢、毅力和正直作为通向这一美德的三条途径。

7. 勇敢

勇敢的人不会因为威胁、挑战、痛苦或困难而退缩。当一个人的身体健康受到威胁时，勇敢不仅表现为战场上的无畏，也包括了智能上或情绪上的勇敢。研究人员区分了道德上的勇敢和身体上的勇敢。另一种区分勇敢的方法是基于是否存在恐惧。

勇敢的人能将恐惧情绪和行为区分开来，抑制想要逃跑的冲动，面对恐惧情境，不去理会主观和身体反应产生的不适。胆大妄为和冲动鲁莽不是勇敢，害怕却仍然直面危险才是勇敢。

在历史上，勇敢主要包括战场上和身体上的勇敢，如今则扩展到道德上和心理上的勇敢。道德上的勇敢是坚持明知不受欢迎并且可能给自己带来厄运的立场。1955 年，罗莎·帕克斯（Rosa Parks）在亚拉巴马州蒙哥马利市的一辆公共汽车上坐在前排，挑战在公交车上黑人应该给白人让位的不合理法令，就是一个很好的例子。挺身而出当"吹哨人"，是另一种勇敢的例子。心理上的勇敢包括坚忍甚至愉悦地面对磨难和重病，不因此丧失尊严。

A. "我常常直面强烈的反对",这句话:

非常符合我 5

符合我 4

中立 3

不符合我 2

非常不符合我 1

B. "痛苦和失望往往会战胜我",这句话:

非常符合我 1

符合我 2

中立 3

不符合我 4

非常不符合我 5

将这两项的分数加起来,写在这里_____。这是你的勇敢得分。

8. 毅力/勤奋/勤劳

有毅力的人有始有终,愿意承担并完成困难的工作,并且心情愉快,很少抱怨。他们说到做到,有时还会超过自己的承诺,却绝对不打折扣。同时,坚持不懈并不意味着对无法实现的目标一味地执着或固执。真正勤奋的人是灵活的、现实的,而不是完美主义者。野心既有积极的一面,也有消极的一面,其中的积极面就属于这种优势的范畴。

A. "我做事总是有始有终",这句话:

非常符合我 5

符合我 4

中立 3

不符合我 2

非常不符合我 1

B. "我工作的时候经常分心"，这句话：

非常符合我 1

符合我 2

中立 3

不符合我 4

非常不符合我 5

将这两项的分数加起来，写在这里_____。这是你的毅力得分。

9. 正直 / 真诚 / 诚实

诚实的人不仅实话实说，而且以真实的方式生活。这种人脚踏实地，毫无伪装，是一个真实的人。我所说的正直和真诚，不仅是对别人说实话，而且是以真诚的方式（包括言语和行动），表达自己对他人和自己的意图和承诺。莎士比亚说："对自己忠实……你将不会对任何人虚情假意。"

A. "我总是信守诺言"，这句话：

非常符合我 5

符合我 4

中立 3

不符合我 2

非常不符合我 1

B. "我的朋友从来没说过我是个脚踏实地的人"，这句话：

非常符合我 1

符合我 2

中立 3

不符合我 4

非常不符合我 5

将这两项的分数加起来，写在这里_____。这是你的正直得分。

▷ 人性与爱

这一组优势体现在与其他人的积极社交互动中，包括朋友、熟人、家人，还有陌生人。

10. 仁慈和慷慨

这类人对别人和蔼可亲，慷慨大方，乐于助人。哪怕是不太熟的朋友，他们也很乐意伸出援手。有多少次你会把别人的事当自己的事来做？这一类别中的所有特征的核心都是承认他人的价值，认为别人的价值可以与自己相等，甚至超越自己的价值。仁慈包括在与他人建立关系的时候，以他人的最佳利益为导向，甚至可能凌驾于自己的直接愿望和需要之上。你是否曾为家人、朋友、同事甚至陌生人承担责任？移情和共情是这种美德的重要组成部分。加州大学洛杉矶分校的心理学教授雪莱·泰勒（Shelley Taylor）提出，男性对逆境的反应是战斗或逃跑，而女性对威胁的反应是"照顾和友善"。

A. "上个月我曾主动帮助了一个邻居"，这句话：

非常符合我 5

符合我 4

中立 3

不符合我 2

非常不符合我 1

B. "对于别人的好运，我不像对自己的好运一样激动"，这句话：

非常符合我 1

符合我 2

中立 3

不符合我 4

非常不符合我 5

将这两项的分数加起来，写在这里_____。这是你的仁慈得分。

11. 爱与被爱

这类人重视与他人的亲密关系。他们对亲密对象的感情非常深刻而持久，对方是否也一样呢？如果是这样的话，就说明你有爱与被爱的优势。这种优势不只是指西方概念中的浪漫（有趣的是，传统文化中的包办婚姻比西方的浪漫婚姻质量更高）。我也不认为亲密关系"越多越好"。完全没有亲密关系的确不好，但过了之后，也可能带来困扰。

至少在美国文化中，爱比让自己被爱更普遍，尤其是男性。乔治·瓦利恩特进行了一项为期60年的研究，对1939年至1944年就读于哈佛大学的学生进行了追踪。这些学生现在已经80多岁了，乔治每5年对他们进行一次访谈。在他最近一轮的访谈中，一位退休医生把乔治带进书房，向他展示了退休时收到的一系列病人感谢信。"你知道吗？乔治，"他泪流满面地说，"我还没有读过这些信。"这个人一生都在爱别人，却没有接受爱的能力。

A. "在我的生活中，有人关心我的感受和福祉，就像关心他们自己一样"，这句话：

非常符合我 5

符合我 4

中立 3

不符合我 2

非常不符合我 1

B. "我不太习惯接受别人的爱"，这句话：

非常符合我 1

符合我 2

中立 3

不符合我 4

非常不符合我 5

将这两项的分数加起来，写在这里_____。这是你的爱与被爱得分。

▷ **正义**

这些优势体现在公民活动中，超越了一对一的关系，而是与更大的群体（如你与家庭、社区、国家和世界）建立的关系。

12. 公民精神 / 责任 / 团队合作 / 忠诚

这类人通常是集体中的优秀分子，忠诚而敬业，努力做好本职工作，愿意为团队的成功而奋斗。这个优势反映了人们在团队中的工作表现。你在集体中重要吗？如果团队目标与个人目标不符，你是否还会重视团队目标？你是否尊重那些权威人物，比如老师或教练？你是否会将自己融入团队？这种优势不是盲目的、自动的服从，而是对权威的尊重。尽管现在这个优势不太流行，但许多父母希望看到他们的孩子拥有它。

A. "当我是团队中的一员时，我会尽最大努力"，这句话：

非常符合我 5

符合我 4

中立 3

不符合我 2

非常不符合我 1

B. "为了团体利益而牺牲我的私利，我会犹豫不决"，这句话：

非常符合我 1

符合我 2

中立 3

不符合我 4

非常不符合我 5

将这两项的分数加起来，写在这里_____。这是你的公民精神得分。

13. 公平与公正

这类人不会让个人感受影响自己的决定，愿意多给每个人一次机会。你的日常行为是否受到更大的道德准则的指导？你是否像对待自己一样重视他人的利益，即使是陌生人？你能轻易地抛开个人偏见，对别人一碗水端平吗？

A. "我对所有人一视同仁，不管他们是谁"，这句话：

非常符合我 5

符合我 4

中立 3

不符合我 2

非常不符合我 1

B. "如果我不喜欢某人，我很难公正地对待他"，这句话：

非常符合我 1

符合我 2

中立 3

不符合我 4

非常不符合我 5

将这两项的分数加起来，写在这里_____。这是你的公平得分。

14. 领导力

这类人能够很好地组织各种活动，并监督任务的执行。人道主义的领导者首先必须是一个有效率的领导，能与团队成员保持良好关系，同时顺利完成团队工作。有效率的领导者在处理群体间的各种关系时，更为人道。正如林肯所说："对任何人都不怀恶意；对每个人都宽大仁爱。"人道主义的国家领导人愿意宽恕敌人，并将他们纳入其追随者所享有的广泛的道德圈子。这样的领袖没有历史包袱，勇于承认错误，并且能够承担犯罪的责任和后果，更重要的是爱好和平。想想前文提过的曼德拉和米洛舍维奇的差异吧。在全球范围内，人道主义领袖的特征可能存在于各种不同的领导身上：军事指挥官、首席执行官、工会主席、警察局局长、校长、学生会主席等。

A. "我总是可以让人们为了共同的目标而努力，而且不必反复催促"，这句话：

非常符合我 5

符合我 4

中立 3

不符合我 2

非常不符合我 1

B. "我不太擅长策划团体活动"，这句话：

非常符合我 1

符合我 2

中立 3

不符合我 4

非常不符合我 5

将这两项的分数加起来，写在这里_____。这是你的领导力得分。

▷ 节制

作为一种核心优势，节制是指恰当而适度地表达你的欲望和需求。节制的人不会压抑动机，而是等待机会来满足它，避免伤害自己或他人。

15. 自我控制

在适当的时候，这类人可以很轻松地控制欲望、需求和冲动。只知道什么是正确的远远不够，还必须能够将这些知识付诸行动。当坏事发生时，你能自己调节情绪吗？你能自己修复和消除消极情绪吗？如果没有环境的支持，你能产生积极情绪吗?

A. "我能控制自己的情绪",这句话:

非常符合我 5

符合我 4

中立 3

不符合我 2

非常不符合我 1

B. "我的节食计划总是有始无终",这句话:

非常符合我 1

符合我 2

中立 3

不符合我 4

非常不符合我 5

将这两项的分数加起来,写在这里_____。这是你的自我控制得分。

16. 谨慎 / 小心 / 细致

这类人非常谨慎,不会说或做以后可能后悔的事情。谨慎应该是在反复确认无误后再发布行动命令,谨慎的人有远见,深思熟虑,善于为了长远的成功而抵制眼前的诱惑。在充满危险的世界里,谨慎是大部分父母希望孩子拥有的一种优势,因为它有助于让孩子不要受伤,无论是在操场、开车、聚会、亲密关系还是职业选择中。

A. "我会避免参与有身体危险的活动",这句话:

非常符合我 5

符合我 4

中立 3

不符合我 2

非常不符合我 1

B. "我有时会在友谊和亲密关系中做出糟糕的选择"，这句话：

非常符合我 1

符合我 2

中立 3

不符合我 4

非常不符合我 5

将这两项的分数加起来，写在这里_____。这是你的谨慎得分。

17. 谦逊和虚心

这类人不喜欢出风头，宁可让成就自己说话。他们不认为自己很特别，别人也承认并重视这种谦逊。谦逊不是虚伪。这类人认为自己的抱负、个人成败都不重要。把目光放得长远一些，个人所取得的成就和所遭受的痛苦就很微不足道。这些信念所带来的谦逊不仅是一种外在表现，更是一种自我的审视。

A. "别人称赞我时，我会转移话题"，这句话：

非常符合我 5

符合我 4

中立 3

不符合我 2

非常不符合我 1

B. "我经常谈论我的成就"，这句话：

非常符合我 1

符合我 2

中立 3

不符合我 4

非常不符合我 5

将这两项的分数加起来,写在这里_____。这是你的谦逊得分。

▷ 超越

我用超越作为最后一组优势。在整个历史上,这个词并不流行——有时候人们会用"精神"来形容它——但我想将精神和这一组的非宗教优势(如热忱和感恩)区分开来。所谓超越,我指的是情绪上的优势,它超越了个人,将个人与更大、更持久的事物联系起来,与他人、未来、进化、神圣或宇宙连接起来。

18. 美感力

这类人会停下来闻路边的玫瑰花香,能欣赏所有领域的美、卓越和技能,包括自然和艺术、数学和科学,乃至日常生活。欣赏艺术中的美,欣赏大自然中的美,欣赏生活中的美,是美好人生的组成部分。当这种欣赏强烈时,会伴随着敬畏和惊奇的情绪。目睹体育运动中的精湛技艺,或目睹人类道德之美和高尚行为,都会激发这种激荡昂扬的情绪。

A."在过去的一个月里,我曾为音乐、美术、戏剧、电影、体育、科学或数学等领域的某一个方面激动不已",这句话:

非常符合我 5

符合我 4

中立 3

不符合我 2

非常不符合我 1

B."我在过去的一年里没有创造出任何美丽的东西",这句话:

非常符合我 1

符合我 2

中立 3

不符合我 4

非常不符合我 5

将这两项的分数加起来，写在这里_____。这是你的美感力得分。

19. 感恩

这类人能觉察到发生在自己身上的好事，从不认为它们是理所当然的。他们总愿意花时间表达感谢。感恩是对他人优秀品德的欣赏和感激。作为一种情绪，它是对生命本身的惊叹、感激和欣赏。当人们帮助了我们，我们会心存感恩，但我们也可以把它扩大到对任何好人好事上，就像埃尔顿·约翰（Elton John）曾唱过的，"这个世界美好，因为有你出现"。感恩也可以指向非个人和非人类的来源——上帝、自然、动物，但它不能指向自我。如果存在疑问，请记住这个词（gratitude）来自拉丁语"gratia"，原本的意思是优雅。

A. "即使别人帮我做了很小的事情，我也总会说谢谢"，这句话：

非常符合我 5

符合我 4

中立 3

不符合我 2

非常不符合我 1

B. "我很少停下来想一想自己有多幸运"，这句话：

非常符合我 1

符合我 2

中立 3

不符合我 4

非常不符合我 5

将这两项的分数加起来，写在这里_____。这是你的感恩得分。

20. 希望 / 乐观 / 未来意识

希望是指期待最好的未来，为此做好计划，并努力实现它。希望、乐观和未来意识，代表对未来充满积极态度的一系列优势。期待好的事情会发生，相信只要努力就会有好运。在此时此刻心情愉快，是因为对未来有憧憬，生活有目标。

A. "我总是看到光明的一面"，这句话：

非常符合我 5

符合我 4

中立 3

不符合我 2

非常不符合我 1

B. "对于想做的事情，我很少有深思熟虑的计划"，这句话：

非常符合我 1

符合我 2

中立 3

不符合我 4

非常不符合我 5

将这两项的分数加起来，写在这里＿＿＿＿＿。这是你的希望得分。

21. 目标感 / 信仰

这类人对宇宙更高的目标和意义有着坚定的信仰。知道自己的人生是有目标的，信仰塑造了他们的行为，也是他们获得慰藉的源泉。在半个世纪的忽视之后，心理学家不再忽视它们对信仰者的重要性。你对自己在宇宙中的定位有明确的哲学或世俗的看法吗？你的人生意义是因为你对比自己更伟大的事物的依恋吗？

A. "我对生命有强烈的目标感"，这句话：

非常符合我 5

符合我 4

中立 3

不符合我 2

非常不符合我 1

B. "我在生活中没有使命感"，这句话：

非常符合我 1

符合我 2

中立 3

不符合我 4

非常不符合我 5

将这两项的分数加起来，写在这里_____。这是你的目标感、信仰得分。

22. 宽恕和慈悲

这类人会原谅那些对不起自己的人，愿意给别人第二次机会。他们的处世原则是慈悲而不是报复。宽恕代表了一系列亲社会的变化，这些变化发生在曾被别人冒犯或伤害的人身上。当人们宽恕时，他们对冒犯者的基本动机或行为会变得更积极（仁慈、善良、慷慨），而不是更消极（报复、逃避）。有必要区分宽恕和原谅，宽恕是一种原谅的准备或倾向，可以被看作是对特定的冒犯者和特定的冒犯行为的改变。

A. "过去的事就让它过去"，这句话：

非常符合我 5

符合我 4

中立 3

不符合我 2

非常不符合我 1

B."有仇不报非君子",这句话：

非常符合我 1

符合我 2

中立 3

不符合我 4

非常不符合我 5

将这两项的分数加起来,写在这里_____。这是你的宽恕得分。

23. 有趣和幽默

这类人喜欢笑,喜欢给别人带来欢笑,很容易看到生活的光明面。到目前为止,前面说的优势都很严肃：仁慈、目标感、勇气和创造性,像是社会科学领域的清教徒。最后两个优势则比较有趣。你很好玩吗？你很有趣吗？

A."我总是尽可能地把工作和娱乐结合起来",这句话：

非常符合我 5

符合我 4

中立 3

不符合我 2

非常不符合我 1

B."我很少说好玩的事",这句话：

非常符合我 1

符合我 2

中立 3

不符合我 4

非常不符合我 5

将这两项的分数加起来,写在这里_____。这是你的有趣和幽默得分。

24. 热忱 / 激情 / 热情

这类人总是精神饱满，全身心地投入所从事的活动中。你早上醒来，睁开眼睛，是否对这一天满怀期待？你工作的激情是否具有感染力？你是否容易受到激励？

A. "我会全身心地投入每一件事"，这句话：

非常符合我 5

符合我 4

中立 3

不符合我 2

非常不符合我 1

B. "我经常闷闷不乐"，这句话：

非常符合我 1

符合我 2

中立 3

不符合我 4

非常不符合我 5

将这两项的分数加起来，写在这里_____。这是你的热忱得分。

▷ 总结

现在，你可能在网站上做完了题目，并获得了相应的分数及解读；或是已经在书上做完了 24 道题并得出分数。如果你没有做网站上的测试，请在下面的空格中填写你的 24 项优势得分，并重新在纸上从高到低排列。

智慧与知识

1. 好奇心_____   2. 热爱学习_____   3. 判断力_____

4. 创造性_____   5. 社会智力_____   6. 洞察力_____

勇气

7. 勇敢_____   8. 毅力_____   9. 正直_____

人性与爱

10. 仁慈_____   11. 爱与被爱_____

正义

12. 公民精神_____   13. 公平_____   14. 领导力_____

节制

15. 自我控制_____   16. 谨慎_____   17. 谦逊_____

超越

18. 美感力_____   19. 感恩_____   20. 希望_____

21. 目标感_____   22. 宽恕_____   23. 幽默_____

24. 热忱_____

通常情况下，在小于等于 5 项的优势上，你会得到 9—10 分。这些就是你的突出优势，至少在自我报告中是这样。把它们圈出来。也有一些优势你可能会得到 4—6 分，这些是你的弱项。

致
谢

▼
▽
▼

我之所以开始写这本书，是因为当时天气太热了，不能出门。2009年7月，我们一家七口在希腊的圣托里尼岛上，气温超过了43℃。曼迪和五个孩子每天早上冲出去旅游。我则待在有空调的房间里，不知道该做些什么。我本来没打算写书，但10年来，我一直在完善什么是幸福的观念，并参与了八个与积极心理学有关的大型项目。所有这些都集中在一个核心点：51。到2015年[1]，世界上51%的人将拥有丰盛人生。所以我想把这一切都写下来，想看看这10年的成就连缀在一起会发生什么。第一章的内容就这么从我的脑海中浮现出来了。

"我想不出什么人会看这本书。"我告诉曼迪。

"那就为你自己写吧。"她回答，然后就去了海滩。不到一周，第一章就完成了，八个项目彼此衔接，组成了书中的几个章节：什么是福祉；抑郁、预防和治疗；应用积极心理学硕士；积极教育；士兵全面健康项目；成就与智能；积极健康以及"51"目标。

这就是我组织这篇致谢的方式。

一些人给我提供了很大帮助，他们的灵感渗透在方方面面：罗伯特·诺

1　前文写的是 2051 年，这里或许是作者笔误。——译者注

齐克、彼得·麦迪逊（Peter Madison）、拜伦·坎贝尔、厄尼·斯蒂克（Ernie Steck）、鲍勃·奥尔科特（Bob Olcott）、埃尔德雷德小姐（Miss Eldred，我在纽约州立大学奥尔巴尼分校的档案中没找到她的名字）。感谢理查德·所罗门和保罗·罗津（Paul Rozin），他们在很久以前就为积极心理学奠定了基础，当时我还是个年轻人，很幸运能遇到这样的老师。感谢汉斯·艾森克、雷·福勒、迈克·齐克森特米哈利（Mike Csikszentmihalyi）、史蒂夫·梅尔、杰克·拉赫曼（Jack Rachman）、克里斯·彼得森、埃德·迪纳、理查德·莱亚德、阿伦·贝克、艾伯特·斯顿卡德和巴里·施瓦茨，他们都是我后半生的导师。本书的每一章内容都受到了以上各位的影响。

玛丽·福加德（Marie Forgeard）是一名优秀的研究生，她帮我通读了全部手稿。特别感谢她。

本书第一章有关福祉理论，最后一章及全书主题是"51"目标，有很多人为这两方面内容提供了帮助，包括埃兰达·贾亚维克雷米（Eranda Jayawickreme）、季斯（Corey Keyes）、理查德·莱亚德、玛莎·努斯鲍姆（Martha Nussbaum）、丹尼尔·奇罗、塞尼亚·梅敏、丹尼斯·克莱格（Denise Clegg）、菲利普·斯特里特（Philip Streit）、丹尼·卡尼曼、芭芭拉·埃伦赖希（虽然我完全不同意她的观点，但仍然感谢她）、费利西娅·赫珀特、保罗·摩纳哥（Paul Monaco）、道格·诺斯（Doug North）、蒂莫西·索、伊洛娜·博尼维尔（Ilona Boniwell）、詹姆斯·帕维尔斯基、安东内拉·德拉·法夫（Antonella Della Fave）、杰夫·穆尔根（Geoff Mulgan）、安东尼·塞尔顿（Anthony Seldon）、乔恩·海特（Jon Haidt）、唐·克利夫顿（Don Clifton）、丹·吉尔伯特（Dan Gilbert）、罗伯特·比斯瓦斯－迪纳（Robert Biswas-Diener）、杰瑞·温德、托马斯·桑德斯、琳达·斯通（Linda Stone）和赵昱鲲。朱迪丝·安·格巴德（Judith Ann Gebhardt）想出了PERMA这个首字母缩略词，它存在的时间可能比积极心理学其他概念更长久。

有关药物、心理治疗和预防的章节，需要感谢塔亚布·拉希德、阿卡西亚·帕克斯、汤姆·因塞尔（Tom Insel）、罗伯·德·鲁贝斯（Rob De Rubeis）、史蒂夫·舒勒（Steve Schueller）、阿弗泽·拉希德（Afroze Rashid）、史蒂夫·霍隆（Steve Hollon）、朱迪·加伯（Judy Garber）、凯伦·雷维奇和简·吉勒姆。

如果没有詹姆斯·帕维尔斯基、黛比·斯威克和150名MAPP毕业生的努力，就不可能有关于MAPP学位的章节。特别感谢德里克·卡彭特（Derrick Carpenter）、卡罗琳·亚当斯·米勒、肖娜·米切尔、安格斯·斯金纳、雅科夫·斯米诺夫、戴维·库珀里德、米歇尔·麦奎德、鲍比·道曼（Bobby Dauman）、戴夫·希隆、盖尔·施耐德（Gail Schneider）、艾伦·科恩、皮特·沃雷尔（Pete Worrell）、卡尔·弗莱明（Carl Fleming）、扬·斯坦利（Jan Stanley）、亚斯敏·赫德利（Yasmin Headley，卖掉了她的奔驰车以支付学费）、阿伦·博佐夫斯基（Aaron Boczowski）、玛丽-何塞·萨尔瓦斯（Marie-Josee Salvas）、伊莱恩·奥布莱恩（Elaine O'Brien）、丹·鲍林（Dan Bowling）、克尔斯滕·克朗德（Kirsten Cronlund）、汤姆·拉思（Tom Rath）、雷布·雷贝尔（Reb Rebele）、莱昂娜·布兰德温（Leona Brandwene）、格雷琴·皮萨诺（Gretchen Pisano）和丹尼斯·昆兰（Denise Quinlain）。

积极教育章节需要感谢凯伦·雷维奇、斯蒂芬·米克、查理·斯库达莫尔、理查德·莱亚德、马克·林金斯（Mark Linkins）、兰迪·恩斯特（Randy Ernst）、马修·怀特（Matthew White）以及吉朗文法学校的学生和教职员工。还要感谢艾米·沃克（Amy Walker）、贾斯汀·罗宾逊（Justin Robinson）、伊莱恩·皮尔森（Elaine Pearson）、乔伊·弗雷尔和菲利普·弗雷尔（Joy and Philip Freier）、本·迪恩、桑迪·麦金农（Sandy MacKinnon）、休·凯普斯特（Hugh Kempster）、戴维·莱文（David Levin）、道格·诺斯、艾伦·科尔（Ellen Cole）、多米尼克·伦道夫（Dominic Randolph）、乔纳森·萨克斯（Jonathan Sachs）、J. 库图里（J. Cutuli）、特伦特·巴里、罗西·巴里

（Rosie Barry）、麦特·汉德伯里（Matt Handbury）、托尼·斯特拉泽拉（Tony Strazera）、黛比·克林（Debbie Cling）、约翰·亨德利（John Hendry）、丽莎·保罗（Lisa Paul）、弗兰克·莫斯卡（Frank Mosca）、罗伊·鲍迈斯特、芭芭拉·弗雷德里克森、戴安娜·泰斯、乔恩·阿什顿、凯特·海斯（Kate Hayes）、朱迪·萨尔茨伯格（Judy Saltzberg）和阿黛尔·戴蒙德。

如果没有朗达·科纳姆（我的英雄）、凯伦·雷维奇、乔治·凯西和达里尔·威廉姆斯，就不会有将积极心理学应用于军队中的内容。还要感谢保罗·莱斯特、莎伦·麦克布莱德、杰夫·肖特、理查德·冈萨雷斯、斯坦利·约翰逊、李·博伦、布莱恩·米歇尔、戴夫·斯比斯特、瓦洛里·伯顿、凯蒂·科伦、肖恩·道尔、盖布·保莱蒂、格洛里亚·帕克、保罗·布里斯、约翰和朱莉·戈特曼、理查德·泰德斯基、理查德·麦克纳利、保罗·麦克休（Paul McHugh）、保罗·摩纳哥、吉尔·钱伯斯、迈克·弗雷维尔（Mike Fravell）、鲍勃·斯凯尔斯、埃里克·斯库梅克、理查德·卡莫娜、卡尔·卡斯特罗、克里斯·彼得森、朴兰淑、肯·帕加门特、迈克·马修斯（Mike Matthews）、帕特·斯威尼、帕蒂·辛塞基（Patty Shinseki）、唐娜·卜来吉（Donna Brazil）、达娜·怀蒂斯（Dana Whiteis）、玛丽·凯勒（Mary Keller）、朱迪·萨尔茨伯格、萨拉·阿尔戈、芭芭拉·弗雷德里克森、约翰·卡奇奥波、诺曼·安德森、加里·范登博斯（Gary VandenBos）、谢利·加贝尔、彼得·舒尔曼（Peter Schulman）、黛布·费舍尔（Deb Fisher）和拉明·塞德希（Ramin Sedehi）。

关于智能与成功的章节，我要对核心人物安吉拉·李·达克沃斯表示由衷的感谢，并且对她的工作表达深切的敬意。此外，还要感谢安德斯·埃里克森、约翰·萨比尼、简·德拉奇（Jane Drache）、艾伦·科斯、达尔文·拉巴特和谢尔登·哈克尼。

有关积极健康的章节，要感谢达尔文·拉巴特、保罗·塔里尼、克里斯·彼得森、史蒂夫·布莱尔、雷·福勒、阿瑟·巴斯基（Arthur Barsky）、约翰·卡奇奥波、戴维·斯隆·威尔逊、埃德·威尔逊、朱利安·塞耶（Julian Thayer）、阿瑟·鲁宾斯坦（Arthur Rubenstein）、伊莱恩·奥布莱恩、谢尔登·科恩、蒙特·米尔斯（Monte Mills）、芭芭拉·雅各布斯（Barbara Jacobs）、朱莉·博姆（Julie Boehm）、卡罗琳·亚当斯·米勒、保罗·托马斯和约翰·托马斯，还有我的网络步行小组。

近45年来，我都是在宾夕法尼亚大学度过的，同事和学生给了我大力支持。首先，感谢我的得力助手彼得·舒尔曼，以及琳达·纽斯特（Linda Newsted）、凯伦·雷维奇、简·吉勒姆、雷切尔·阿贝纳沃利（Rachel Abenavoli）、丹尼斯·克莱格、德里克·弗雷尔斯（Derek Freres）、安德鲁·罗森塔尔（Andrew Rosenthal）、朱迪·罗丹、山姆·普雷斯顿（Sam Preston）、艾米·古特曼（Amy Gutmann）、迈克·卡哈纳（Mike Kahana）、丽贝卡·布什内尔（Rebecca Bushnell）、戴维·布雷纳德（David Brainard）、拉明·塞德希、理查德·舒尔茨（Richard Schultz）、戴维·巴拉默斯（David Balamuth）、格斯·哈特曼（Gus Hartman）、弗兰克·诺曼（Frank Norman）、安吉拉·李·达克沃斯和埃德·皮尤。我现在是泽勒巴赫家族的心理学教授，之前是罗伯特·福克斯领导力心理学教授，在此，我要感谢泽勒巴赫家族和鲍勃·福克斯的大力支持。

积极心理学得到了大西洋慈善基金会、安纳贝格基金会（the Annenberg Foundation）的特别资助，特别感谢凯瑟琳·霍尔·贾米森（Kathleen Hall Jamieson）、美国教育部、美国陆军部、美国精神卫生研究所、吉姆·霍维（Jim Hovey）、盖洛普基金会、惠普基金会、青年基金会、罗伯特·伍德·约翰逊基金会（特别是保罗·塔里尼）、梅耶森基金会和约翰·邓普顿基金会，还要感谢杰克·邓普顿（Jack Templeton）、阿瑟·施瓦茨（Arthur Schwartz）、玛丽·安妮·梅叶思（Mary Anne Myers）、基蒙·萨金特（Kimon Sargeant）和巴纳比·马什（Barnaby Marsh）。

本·凯里（Ben Carey）、斯泰西·伯林（Stacey Burling）、克劳迪娅·沃

利斯（Claudia Wallis）、约书亚·沃尔夫·申克（Joshua Wolf Shenk）、瑞亚·法伯曼（Rhea Farberman）和塞西莉亚·西蒙（Cecilia Simon）等人对积极心理学进行了建设性的报道，我非常感谢这些负责任的媒体。

我要对工作努力、始终充满热情的编辑莱斯利·梅雷迪斯（Leslie Meredith）、出版人玛莎·莱文（Martha Levin）、总编多米尼克·安福索（Dominick Anfuso）以及无与伦比的代理兼挚友理查德·派恩（Richard Pine）致以崇高的感谢。

对于我的七个孩子，珍妮、卡莉、达里尔、妮可、劳拉、戴维和阿曼达，因为我整日与工作为伴，我要感谢他们的耐心。最后，将最衷心的谢意献给我的终身伴侣，我一生的挚爱，曼迪·麦卡锡·塞利格曼（Mandy McCarthy Seligman）。